普通高等学校"十四五"规划机械类专业精品教材

机械原理课程设计

（第四版）

主　　编　刘晓阳

副主编　郭聚东　张君彩　孙晓婷

主　　审　杨家军

华中科技大学出版社

中国·武汉

内 容 提 要

　　本书以实用和易读为特色,内容包括三部分:上篇为课程设计指导,主要介绍机械原理课程设计的主要目的、内容和要求,机械传动方案和机构分析与设计示例,机构创新设计的思考方法等;中篇为课程设计资料,主要介绍课程设计中要用到的一些基本知识和实用方法,利用 UG 软件平台进行机构的运动学和动力学仿真的基本方法,计算机辅助分析子程序和示范主程序的 VB 源代码;下篇为课程设计题目,题目在类型和难度上可以满足不同学校和专业的多层次需求。

　　本书可用于高等工科院校机械类各专业机械原理课程设计,也可供其他院校有关专业的学生及工程技术人员进行机械运动方案分析及设计时参考。尤其是书中以常用杆组形式所提供的机构运动和动态静力分析的电算程序源代码(VB),原样复制且提示清晰,便于使用。

图书在版编目(CIP)数据

机械原理课程设计/刘晓阳主编. —4 版. —武汉:华中科技大学出版社,2023.12
ISBN 978-7-5772-0302-7

Ⅰ.①机…　Ⅱ.①刘…　Ⅲ.①机械原理-课程设计　Ⅳ.①TH111-41

中国国家版本馆 CIP 数据核字(2023)第 241068 号

机械原理课程设计(第四版)
Jixie Yuanli Kecheng Sheji(Di-si Ban)

刘晓阳　主编

策划编辑:俞道凯　胡周昊

责任编辑:吴　晗

封面设计:原色设计

责任监印:周治超

出版发行:华中科技大学出版社(中国·武汉)　　　电话:(027)81321913
　　　　　武汉市东湖新技术开发区华工科技园　　　邮编:430223

录　　排:武汉市洪山区佳年华文印部

印　　刷:武汉市籍缘印刷厂

开　　本:787mm×1092mm　1/16

印　　张:10.75

字　　数:262 千字

版　　次:2023 年 12 月第 4 版第 1 次印刷

定　　价:39.80 元

第四版前言

"机械原理"课程是机械工程学科重要的专业基础课。现代机械原理教学中将机构系统设计引入研究的内容之中,通过机构系统设计理论、方法的研究使机械原理与产品创新设计紧密相连,可大大巩固机械原理在机械工程中的重要地位;同时,在机构分析和综合中采用了现代数学工具和计算机辅助设计技术,使机构分析和综合方法得到深入、广泛的发展。机构分析和综合方法的深化,使一些复杂的工程设计问题得到了解决。

本书在第三版的基础上,结合现代"机械原理"课程教学的新特点,以及对课程设计提出的新要求,对不少内容进行了修订,力求内容更加完整、易读、实用。在不增加学生负担的情况下,强化培养学生在机械基本理论学习后的重要实践环节中,能够在较短时间内具备一定的机械系统运动方案设计能力,掌握更多基本机构的分析设计方法。另外,"机械原理"课程是学生树立正确设计思想和理念的关键课程,因此,本书注重培养学生的机械系统方案创新设计与评价及解决工程实际问题的能力,引导学生在学科竞赛、毕业设计等实践环节中学会利用机械原理知识解决工程问题,培养学生的创新意识和设计能力。

本书延续了前三版在连杆机构计算机辅助分析设计上的特点。考虑到平面四杆机构最基本、最常用,所以四杆机构计算机辅助分析实例予以保留,程序界面和功能更加丰富和实用;增加了插床机构计算机辅助分析设计实例,因为它在很多院校中一直作为课程设计题目使用;针对齿轮机构,尤其是变位齿轮设计(重点是变位系数的选择)做出了探索和尝试;对凸轮机构的设计中最主要基本参数基圆半径的确定也提出了新的方法。这些修订都建立在编者多年教学实践的基础上,可采用计算机辅助设计完成,经实践证明,用计算机辅助进行这些实例的设计快速有效。本书提供的源程序全部上机试运行通过,源代码均为原样复制。另外,对 UG 软件平台上完成机构运动学与动力学仿真的内容进行了改写,重在更加实用。

参加本书改版的作者有:刘晓阳(第 1 章、第 2 章、第 6 章)、郭聚东(第 8 章)、张君彩(第 4 章)、孙晓婷(第 9 章)、赵小明(第 7 章)、李文忠(第 3 章)、陈青果(第 5.1 节、第 5.2 节)、倪素环(第 5.3 节)。

全书由刘晓阳担任主编,郭聚东、张君彩、孙晓婷担任副主编。华中科技大学杨家军教授担任主审。

参加再版工作的作者为多年从事机械设计教学的一线专业教师,具有丰富的教学经验,本书的再版力争反映近年来"机械原理"课程教学改革的新成果。鉴于编者的学识水平有限,书中错误和不足在所难免,恳请读者指正。

编 者
2023 年 9 月

第三版前言

本书是在第二版基础上,根据新时期机械原理课程教学的新特点,以及对课程设计提出的新要求,再结合教学对象的变化等情况,对不少内容进行修订而成的。本书力求内容更加完整、易读、实用。在不增加学生负担的情况下,使机械原理课程设计的内容涉及更多的机构,进一步指导学生,使其在机械基本理论学习后的重要实践环节中,能够在较短时间内具备一定的机械系统运动方案设计能力,掌握更多基本机构的分析设计方法。

由于机械原理课程设计时间较短,设计题目中如果包含三种以上机构,除机械系统运动方案设计外,在具体分析设计中既要有图解,又要有解析编程计算,时间就会比较紧张,如果再对学生提出创新要求,学生将很难完成设计。本书第三版主要针对齿轮机构,尤其是变位齿轮设计(重点是变位系数的选择)做出了新的探索和尝试。在凸轮机构的设计中,对最主要基本参数——基圆半径——的确定也提出了新的方法。这些新方法都是建立在多年教学实践的基础上,采用计算机辅助设计完成的,经实践证明,快速有效。同时考虑到各校机械专业均开设了机构创新设计和UG软件设计等选修课程,对有关机械创新设计的内容进行了简化,重在抛砖引玉,引导学生进行创新。对UG软件平台上完成机构运动学与动力学仿真的内容进行了改写,重在突出实用性。对"机械运动方案及机构分析设计实例"一章,为强调内容的完整性,将原来运动方案设计的自动制钉机和机械甩干机设计更换为牛头刨床机构的运动方案设计,这样就与原来后续的牛头刨床机构主传动机构的分析与设计内容相连贯,而且提出的机械系统初始运动方案更多,考虑的取舍因素也更多,可读性更强。

本书第三版延续了前一版在连杆机构计算机辅助分析设计上的特点,对示例部分的内容和原来程序的界面进行了修改。考虑到平面四杆机构最基本、最常用,所以以四杆机构计算机辅助分析实例予以保留,程序界面和功能更加丰富和实用,譬如增加了实时运动仿真的内容,使分析设计更有趣。同时,增加了插床机构计算机辅助分析设计实例,因为它在很多院校一直作为课程设计题目经常使用。本书提供的源程序全部上机试运行通过,源代码均为原样复制。

参加本书改版的作者有:关丽坤(6.3节);刘毅(第1章、第2章、6.1节、6.4节、第8章)、高慧琴(第9章)、张君彩(4.2节)、陈青果(第5章)、小明(第7章)、李文忠(第3章)、倪素环(4.1节)、刘晓阳(6.2节)。主审为华中科技大学杨家军教授。

本书第三版力求反映近年来我们对机械原理课程教学的新认识及教学的新成果。鉴于作者水平有限,书中错误和不足在所难免,恳请读者批评指正。

编　者
2016 年 9 月

第二版前言

本书再版基本延续了第一版的主要结构。从第一版使用三年的情况来看，本书达到了作者的期望与要求，教学效果良好。本书的基本使用对象为机械类专业广大学生及部分近机类学生。考虑到使用对象的实际状况，本书的指导作用主要体现在使学生对机械原理课程的地位和作用有更深的了解，巩固课堂学习内容，能够用学到的基础理论熟练地进行机构的运动学和动力学分析，进一步拓宽知识，逐步达到具有机械系统运动方案设计和机械创新设计能力。

近年来，机械原理课程设计在教学改革上，由以机构分析为主发展为以机械系统运动方案设计为主，强调创新设计能力培养、分析为设计服务的课程体系，所以再版时进一步增加了机构运动方案设计和机构创新设计方面的内容。同时，考虑到机械原理课程设计是学生初次接触工程设计，而且运动方案设计较为困难，加之时间紧、任务重，因此在内容上特意创编了既贴近生活又通俗易懂的设计示例，还在设计题目上尽量多给出一些参考方案并提供足够的提示或指导，力图由浅入深让学生在短时间内逐步熟悉运动方案设计的思考方法，快速掌握方案设计的精髓。再版时还注意到，近年来计算机技术在机械设计上又不断取得了新的进展，因此增加了在 UG 软件平台上完成机构运动学与动力学仿真的内容。

"机械原理"是机械类学生的一门技术基础课程，机构运动学与动力学分析及设计的几何学理论一直是其经典内容，用图解法进行机械原理课程设计也是其主要传统方法之一。图解法的几何概念清晰，是初学者掌握机构基本原理的最佳途径，同时它也是进行机构分析与设计的重要手段。现代计算机技术可以把图解与解析有效结合，图解法不一定就误差大。目前我国的"机械原理"教学改革进行得如火如荼，新思维、新举措不断涌现，但作为基础理论课程的"机械原理"，无论怎样改革，也不能偏离"教学"和"基础"。因此，本书再版时仍保留了图解法用于机构运动学与动力学分析的内容。另外，解析法作为一种简单且通用的编程方法，通过多年的实践验证，越发显现出它不菲的实用价值。解析法与图解法在课程设计中可以做到很好的相互补充，本书再版时保留了杆组法用于机构运动和受力分析子程序和示范主程序的内容，且书中提供的程序全部已上机试运行通过。

本书再版时从教学实际出发，对很多章节进行了重新编写，力求简洁实用，深浅适宜，以满足更多院校和更多学生多层次的使用要求。在课程设计的题目和分析设计手段上，既尊重传统，又贴近现实，更有利于教学。对一些能力较强的学生也提供了足够的拓展空间，给出许多机构系统运动方案设计和机构创新设计等方面的题目和指导。

参加再版工作的作者有：关丽坤（6.1 节、6.2 节、6.3 节）、刘毅（第 1 章、第 2 章、第 3 章、4.1 节、6.4 节、第 8 章）、高慧琴（第 9 章）、张君彩（4.3 节）、陈青果（第 5 章）、赵小明（第 7 章）、奚琳（4.2 节）。主审为华中科技大学杨家军教授。

参加再版工作的作者为多年从事机械设计教学的一线专业教师，具有丰富的教学经验，本书再版力争反映近年来机械原理课程教学改革的新成果。鉴于作者的学识水平有限，书中错误和不足在所难免，恳请读者指正。

作　者
2011 年 10 月

第一版前言

机械原理课程设计的主要目的是为学生在完成课堂教学基本内容后提供一个较完整的从事机械设计初步实践的机会(大多数院校安排的时间为一周或一周半)。本书的编写宗旨就是指导学生能在短时间内,将所学的机械基础理论运用于一个简单的机械系统,通过机械传动方案总体设计、机构分析和综合,进一步巩固掌握课堂教学知识,并结合实际得到工程设计方面的初步训练,培养学生综合运用技术资料,提高绘图、运算的能力,尤其是提高运用计算机的能力。同时,注重学生创新意识的开发。

全书分为三部分。第一部分为课程设计指导部分,主要包括机械设计的一般过程,机械原理课程设计的目的、任务和方法,课程设计说明书的编写,结合若干示例,介绍了机械传动方案的设计步骤和怎样进行方案的分析评价,比较选优,以及机构运动方案的创新设计等方面的问题。第二部分为课程设计资料部分,主要包括课程设计中涉及的但在课堂教学中又没有讲到的一些基本知识,如常用机构的分类和特点及其选用的基本原则、凸轮最小基圆半径的确定、齿轮变位系数的选择和啮合图的绘制、连杆机构圆弧和直线轨迹的简易综合方法、进行计算机辅助分析子程序和示范主程序的源代码及其参变量说明以及关键点的重要提示等,使用十分方便。第三部分为课程设计题目部分,主要包括典型机构的设计题目,各题目在类型和难度上力求满足不同学校和专业多层次的需求。

为适应新时期对人才的要求,教学中应加强工程实践和创新能力的培养,造就学生综合、全面的高素质。机械原理课程作为机械类专业的主要技术基础课程,目前正处在机械基础教学体系重构和整合的敏感时期,原有的课程设计在时间、内容、方法和手段等各方面都面临创新教育变革的影响。目前,各校都依据自身条件进行了有益的尝试和实践,建设了众多不同层次的精品课程,推出了各种不同的改革措施,尤其是在创新设计方面取得了一系列成功的经验。不论如何创新,机械原理课程作为专业基础课的性质和地位都不会改变,只有"厚基础"才能做到"宽口径",基础不扎实就谈不上创新。课程设计要达到的基本目的本是十分清晰的,不必赋予它太多的功利和理想化的色彩。对于初次尝试进行机械设计的学生,在进行机构传动方案设计时很难提出好的设计方案,创新设计有时也会无从谈起,在很大程度上需要教师耐心指导。如果学生努力了,即便整体方案构思不太理想,只要在进行机构分析和设计中有所收获,真正体会到实际中是如何进行机械设计的,就应该得到教师在成绩层面上的正面认同和积极评价。对于课程设计学时较少的情况,可以考虑将课程设计的题目提前布置下去或者由教师推荐几个机构传动方案,让学生分析选择。另外,从知识的完整性角度考虑,学生即使采用了解析法进行机构运动和动态静力分析,也应该提供一到两个位置的图解法分析校核结果。本书给出了若干不同类型的课程设计题目和一些必要的提示,由于各校所处地位、社会背景和教学环境各不相同,尤其是师资、生源、办学设施参差不一,设计的内容和分量不可能适合所有对象,因此指导教师可适量增减设计任务。

参加本书编写的有:湘潭大学梁以德(第 1 章),内蒙古科技大学关丽坤(第 6 章(除 6.4

节）、4.2 节），华北水利水电学院郭飞（第 7 章），河北科技大学刘毅（第 2 章、第 3 章、第 8 章、4.1 节、6.4 节）、高慧琴（第 9 章）、张君彩（4.3 节）、陈青果（第 5 章）。本书主审为华中科技大学杨家军教授。

　　鉴于我们编写教材的时间比较仓促，以及欠缺指导机械原理课程设计的经验，书中难免存在错误和不足，恳请读者指正。

编　者

2008 年 1 月

目　　录

上篇　课程设计指导

中篇　课程设计资料

下篇 课程设计题目

上篇 课程设计指导

第1章 机械原理课程设计概述

1.1 机械原理课程设计的目的

机械原理课程设计旨在使学生全面把握机械原理课程教学体系,理解和深化课程基本原理和方法,是培养学生进行机械运动方案设计、机械创新设计,以及培养应用计算机进行机构分析与设计能力的一个重要的实践性教学环节。机械原理课程设计的目的及其在机械类学生教学培养体系中的不可替代性体现如下。

(1) 通过分析和解决与本课程有关的简单的实际工程问题,初步了解机械设计的全过程,使学生能够整合课堂所学的理论知识,并进一步得到巩固和加深,全面认识机械原理课程各章节内容在机械设计中的地位、作用及其相互联系。

(2) 结合机械系统运动方案设计,首先使学生充分认清方案设计的关键性与创造性,其次通过综合运用课堂所学知识进行机构的选型与组合,了解机构及其组合的功能多样性和奇妙性,并学会如何结合实际,全面评价一个运动方案的优劣,全面培养学生开发和创新机械产品的能力。

(3) 进一步提高学生计算、绘图、运用计算机及有关技术资料的能力。

(4) 通过编写说明书,培养学生的表达、归纳及总结能力。

(5) 课程设计的全过程既可培养学生独立思考和分析与解决问题的能力,又能培养团队协作的精神。

1.2 机械原理课程设计的任务

机械原理课程设计的任务一般可分为以下几部分。

(1) 根据给定的机械工作要求,合理地进行机构的选型与组合。

(2) 规划多个机械系统运动方案,对它们进行多目标比对和评价,优选出一个最佳的运动方案。

(3) 确定机构运动简图、绘制机构运动循环图。

(4) 对选定方案中的机构(凸轮机构、连杆机构、齿轮机构与其他机构及其组合等)进行运动学和动力学分析和设计。

(5) 全面整理设计过程和数据,分析存在问题,总结设计经验,讨论设计得失。

对于有些设计任务较重或在课程设计周短期内难以完成的题目,可以考虑以课题组形式接受题目,采取组长负责制并做到分工明确、合理。另外,设计题目也可以在课程设计周之前的适当时机布置。

1.3 机械原理课程设计的内容

课程设计的内容大体上应包括:

（1）机械运动方案的设计与选择；

（2）机构运动分析与设计；

（3）机械动力分析与设计。

课程设计的题目可由教师根据本校具体情况及不同专业的需要来选定。但为了包含课程设计的基本内容，保证其一定程度的综合性和完整性，课程设计的选题应注意以下几个方面。

（1）一般应包括三种基本机构（平面连杆机构、齿轮机构、凸轮机构）的分析与综合。

（2）应具有多个执行机构的运动配合关系和运动循环图的分析与设计。

（3）具有运动方案的选择与比较。

1.4 机械原理课程设计的方法

机械原理课程设计的方法有图解法、解析法和实验法三大类。

（1）图解法具有几何概念清晰、形象、直观，便于教学的特点。掌握图解法是学习机械原理的必要环节，是建立机构形象思维的重要手段，是学生了解课程基本概念、基本原理最直接和最有效的途径，是进行解析设计计算的基础，也是实际工程上进行机构分析设计的重要方法之一。人类在不断探索机械运动和设计原理的过程中，积累了丰富的且具有很高应用价值的机构学几何理论，它一直是国内外机构学教材的经典内容。其实机构学原本就是一个几何问题，在机构学领域对某些重要的解析法结论进行几何学解释也一直是研究者努力的方向之一。随着快速发展的计算机图形显示和绘制技术不断用于机构的图解分析与设计，图解法原理作图烦琐及精度差的不足也将随之消失。

（2）解析法首先需建立以机构参数表达的各构件与给定条件的函数关系，然后通过求解数学方程来实现机构的分析与设计。借助计算机辅助设计技术，解析法显示出其具有计算精度高、速度快的特点，特别是在分析机构整个运动循环的运动学和动力学性能方面，这个特点尤为突出。就解析法而言，一般机构的分析与设计其函数方程建立并不复杂，目前面临的主要困难是如何求解联立方程，尤其是高次或超越方程组。不过，随着计算数学和计算机技术的不断发展，这种方法将在实际设计中得到越来越广泛的应用。

（3）实验法是通过搭建模型和采用计算机动态演示与仿真、CAD/CAM 等方法，使机械产品设计直观地得以实现的方法。尤其是在近年来流行的 UG、Pro/E 等软件平台，既可实现机构的搭建与仿真，又可以输出运动学和动力学分析结果及其线图。这种方法既可以直观快速地验证设计效果，又可培养学生的创新意识和实践动手能力，充满了挑战性与趣味性。计算机仿真技术在机构学上的应用方兴未艾且大有可为。

1.5 课程设计成绩评定与提交的设计技术文件

1.5.1 课程设计成绩评定

机械原理课程设计的成绩单独计分，成绩的好坏取决于每个学生提交的技术文件和参与课程设计所起的作用、表现及工作量大小等。评分标准分为优、良、中、及格和不及格五个级别。

1.5.2　提交设计技术文件包括的主要内容与要求

（1）机械原理课程设计说明书　设计说明书不仅记录了整个设计计算过程,而且是设计计算数据和结果的整理、分析与总结,又是实际工程中审核机器设计合理性的主要技术文件之一。编写设计计算说明书是工程技术人员必须掌握的重要基本技能。

（2）主要设计图样　设计图样中的内容主要包括如下方面。

① 反映机械系统运动方案设计的机构运动方案简图。

② 用图解法进行机构运动设计和机构的位移、速度、加速度和动态静力分析的过程。

③ 执行构件的运动线图和原动件的平衡力矩线图、飞轮的设计图等。

要求图样符合制图标准,图面布局匀称,线条运用合理,图样清晰整洁,标注齐全且字母与代号使用符合规范,注明绘图比例和分析设计图的名称等。图样标题栏格式如图 1-1 所示。

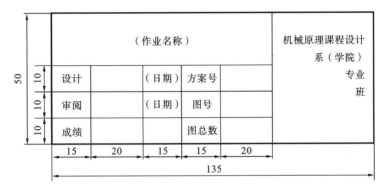

图 1-1　图样标题栏格式

（3）机构运动学与动力学分析与设计的计算机仿真或解析计算主程序和主要界面及其结果　设计技术文件应在分类整理齐全后,装入一个文件袋内,袋面贴统一标签,注明设计题目、设计者和所属学院(系)、班级及指导教师等。

1.5.3　机械原理课程设计说明书的编写

编写课程设计说明书是学生将来从事工程技术工作,为撰写技术研究报告、可行性论证报告、产品说明书等提供的一次实际操练,是一次推荐自我,即向外人展示自己能力和素质的机会,所以必须认真对待,力争做到精益求精。自己都不满意的内容绝不向外人展示。课程设计说明书的内容大致包括以下几个方面(可根据设计题目的不同予以取舍)。

（1）目录(标题、页次)。

（2）设计任务书(包括设计题目、工作条件、要求、个人具体分工等)。

（3）机构系统运动方案的拟订及原动机的选择。

（4）机械系统运动循环图。

（5）传动比的分配。

（6）传动机构的选择和比较。

（7）执行机构的选择和比较。

（8）机构系统运动方案的选择。

（9）对所选的机构进行运动设计和运动分析、动力分析。

(10) 解析设计必要的设计公式和计算主程序、主要界面及结果等。

(11) 对设计结果进行整理及分析和讨论,提出存在问题和改进方案,总结设计体会等。

(12) 列出主要参考资料。

1.5.4 课程设计说明书编写的要求

课程设计说明书的总体要求是:能够清晰全面反映设计计算的全过程且可读性强。具体注意事项如下。

(1) 需用黑色或蓝色墨水笔书写(禁用铅笔或彩色笔等)。

(2) 设计计算说明应按分析、设计顺序书写,章节号和其他标题、类目序号使用合理,做到层次清晰,每一设计阶段要首先写清已知条件和求解目标,再写分析和设计过程及其结果等。

(3) 计算过程要先列出公式、代入数据,再写出结果、标明单位,省略不必要的中间运算过程,对重要数据应用简短语言给出结论或说明。

(4) 引用的计算公式和数据要注明来源(如参考资料的编号和页码)。

(5) 为清楚反映设计计算过程,说明书中应附有必要的插图,如机械传动方案简图、机构运动简图、运动分析和力分析矢量图等。

(6) 为增加计算说明书的可读性,对阶段性分析设计结果和总体结果要归纳整理并列表。

(7) 说明书用 16 开纸书写,并装订成册,封面格式如图 1-2 所示。

图 1-2 封面格式

(8) 参考资料按序号、主要作者、作品名称、出版单位和出版时间编写,如

[1] 孙桓,陈作模.机械原理[M].6 版.北京:高等教育出版社,2001.

[2] 付则绍.机械原理[M].2 版.北京:石油工业出版社,1998.

第 2 章　机械传动方案设计

2.1　机械传动方案设计的过程

2.1.1　机械传动方案设计的步骤

机械传动方案设计完成的主要标志之一，即绘出机构运动简图和各执行机构之间的运动循环图。机械传动方案设计的步骤和内容大体如下。

设计任务→构思实现预定功能的基本原理→基本工艺动作的确定→选择执行机构 →绘制机构运动循环图→绘制机构传动示意图→进行机构的尺寸综合（运动学设计）→绘制机构运动简图→运动学和动力学分析→评价、选优。

实际操作的顺序可能出现多次反复与交叉，这也是由机械设计本身的特点所决定的。

2.1.2　构思机械实现预定功能的基本原理

先要详细解读设计任务，在充分调研和查阅资料的基础上，经过认真的比较、分析及推理，从全方位、多角度去构思执行构件（输出构件）实现预定功能的基本动作原理（即确定机械实现预定功能应完成的一套组合动作）。一种基本动作原理可以使机械实现某一项功能，两者是因果关系，但并非一一对应的。实现同一功能，可以采用多种不同的基本动作原理，而且它们各具特色，动作完成起来的难易程度与将来设计出的机械所输出的产品在数量上和质量上的差别可能极大，对环境的适应能力和维护使用成本等方面也会表现各异。

例如手工缝纫是用图 2-1(a)所示的结线方法把布料缝合起来的，但按照这种结线方法设计一台机械完成缝纫动作将是十分困难的。缝纫机的发明正是因为首先研究出了新的结线方法（见图 2-1(b)），而这种方法较易于用机械来实现。

（a）　　　　　　　　　　　　　　　　　（b）

图 2-1　缝纫结线方法

（a）手工缝纫结线方法　（b）缝纫机结线方法

还有以下其他例子。

① 破碎石料　石料可以被压碎、搓碎、击碎等。

② 加工齿轮　可以滚齿、插齿、冲齿、锻压和采用拉刀等。

③ 加工螺栓　可以切制、搓制、压制等。

可见，达到一种工艺目的可有不同的动作原理，但从节省能量、提高工效和用机械方法是否易于实现的角度分析，各种动作原理有很大差别。研究合理可行的工艺动作原理是机械设计过程中的关键问题之一，也是机械设计中最富创造性的环节。

2.1.3　确定基本工艺动作

工艺动作要付诸实施,必须依靠一系列执行机构来实现。由执行机构所完成的动作就是最基本的工艺动作。一台简单的机械可能只有一个执行构件,做一种基本工艺动作,例如简易冲床,只要执行构件(冲头)做往复直动即可。一台复杂的机械也可能需要多种基本工艺动作,例如按图 2-1(b)所示的结线方法设计的家用缝纫机,可能需要至少以下四个执行构件来完成四种基本工艺动作。

① 机针带着上线刺布,需进行上下往复直线运动。

② 为了使上线绕过底线,摆梭勾线需进行往复摆动。

③ 挑线杆完成挑线动作。

④ 送布牙板完成步进式送布动作。

执行构件最常见的运动形式是直线运动、转动或摆动。在确定基本工艺动作时,不但要注意所要求的运动形式(如往复直动、连续转动、带停歇的往复直动、间歇转动、平面复杂运动等),还应注意所要求的运动规律,例如筛分机械中的筛筐,运动形式可能是往复直动,但如果运动规律(往复运动中速度和加速度的变化规律)不当,有可能出现物料与筛子始终是同步运动的情况,这就达不到筛分的目的。

为了实现工艺目的,同时需要两个以上的基本工艺动作时,应安排好各个工艺动作之间的协调配合。

2.1.4　常用的执行机构

将由工作原理决定的一套复杂的组合动作逐一进行分解,得到一系列容易实现的简单动作,在广泛了解各种常用机构特点的基础上,为这些简单动作选择适合的执行机构十分重要。表2-1列出了常见的实现运动形式及相应的执行机构,供设计者参考选用。

表 2-1　常见的实现运动形式及相应的执行机构

实现运动形式		相应的执行机构
连续转动	定比匀速	连杆机构:平行四边形、双转块机构等 齿轮机构:行星齿轮机构 挠性件传动机构:带、链、绳传动机构 摩擦传动机构
	变比匀速	混合轮系变速机构,摩擦传动变速机构,行星无级变速机构,挠性无级变速机构,连杆无级变速机构
	非匀速	连杆机构:铰链四杆、转动导杆、曲柄滑块等 非圆齿轮机构 挠性件传动机构
往复运动	往复移动	连杆机构:曲柄滑块、移动导杆机构等 齿轮齿条机构 凸轮机构 斜面机构 螺旋机构 挠性件传动机构 气、液动机构

续表

实现运动形式		相应的执行机构
往复运动	往复摆动	连杆机构:曲柄摇杆、曲柄摇块、摆动导杆机构等 凸轮机构 齿轮齿条机构 非圆齿轮齿条机构 挠性件传动机构 气、液动机构
间歇运动	间歇转动	棘轮机构 槽轮机构 不完全齿轮机构 凸轮式间歇运动机构
	间歇摆动	利用连杆曲线的直线或圆弧段实现间歇运动的连杆机构 凸轮机构 齿轮连杆组合机构
	间歇移动	棘条机构 凸轮机构 连杆机构 气、液动机构
轨迹	直线轨迹	连杆机构:曲柄滑块机构,连杆曲线直线轨迹 组合机构
	曲线轨迹	连杆机构的连杆曲线 凸轮-连杆组合机构 齿轮-连杆组合机构

机构的基本功能可以用表 2-2 所示的符号表示。

表 2-2　机构的基本功能部分表示符号

基 本 功 能	基 本 符 号	基 本 功 能	基 本 符 号
运动放大 (或力缩小)	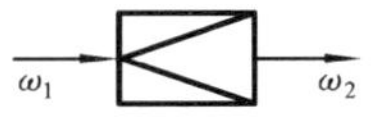 ω_1 ——▷◁—— ω_2	运动轴线变换	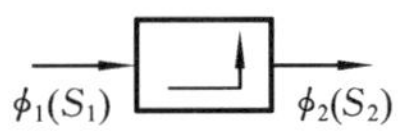 $\phi_1(S_1)$ ——⌐_ —— $\phi_2(S_2)$
运动缩小 (或力放大)	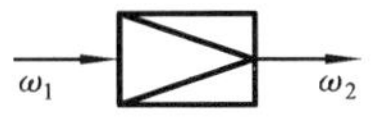 ω_1 ——◁▷—— ω_2	运动合成	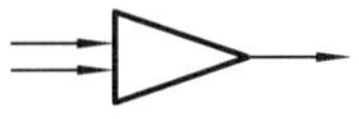 ⟹▷
运动形式变换	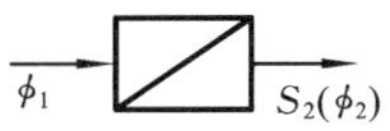 ϕ_1 ——／—— $S_2(\phi_2)$	运动分解	 ▷⟹
运动方向变换	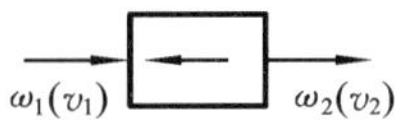 $\omega_1(v_1)$ ——←—— $\omega_2(v_2)$	运动脱离	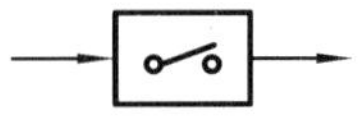 —◦╱◦—
运动往复变换	 $\omega_1(v_1)$ ——⇄—— $\omega_2(v_2)$	运动连接	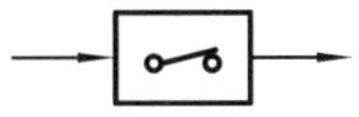 —◦╱◦—

对于单一机构难以完成复杂的动作,利用基本机构的组合则可能构思出运动奇妙、功能多样的组合机构,可能会产生 1+1>2 的效果。基本机构的组合及符号表示如图 2-2 所示。

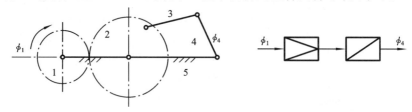

图 2-2　基本机构的组合及符号表示

2.1.5　按分解动作选择执行机构

一个复杂的机械系统均由一些基本机构组成。实现同一动作可以由多种机构来完成,不同机构其功能不尽相同,组合起来形成的机械系统特点各异。但是仅仅满足运动要求还是不够的,选择机构就要力争最大限度发挥该机构的优点而回避其不足,这就需要按分解动作找出尽量多的对应执行机构,这样将形成许许多多的组合方案,再从中筛选出一些比较合理的方案,以供评价时优选。

例如设计一简单的加压装置,要求驱动轴水平布置,垂直方向施加压力,那么该机械系统应具有以下三个基本分解动作或功能元。

① 运动形式的变换功能(转动变为移动)。

② 运动轴线变换功能(水平轴线运动变换为垂直方向的运动)。

③ 增力功能(为了增力,往往需要运动缩小)。

实现以上基本功能的机械系统可以用图 2-3 所示的 6 种基本动作结构表示。

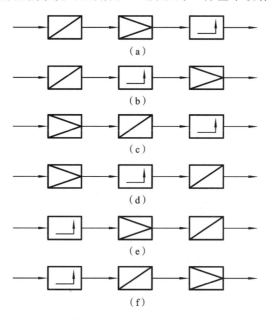

图 2-3　简单加压装置的基本动作结构图

表 2-3 列出了实现上述基本动作的部分基本机构。注意:其中有的机构是具有多功能的,如圆锥齿轮机构,既有运动轴线变换又有运动缩小功能。按排列组合的原理,将可得到 $3^3 =$

27 个机械系统运动方案。图 2-4 列出其中 4 个基本合理的运动方案简图。

表 2-3 基本功能和部分执行机构

功能	推拉传动原理		啮合原理
	连杆机构	螺旋、斜面机构	齿轮机构
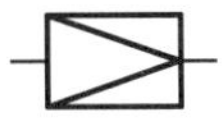	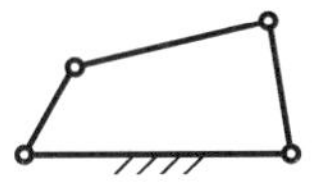		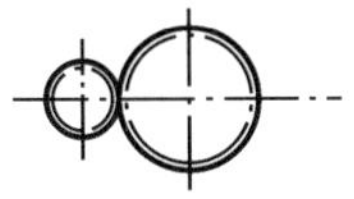
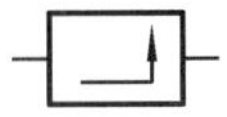	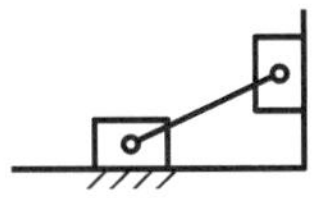		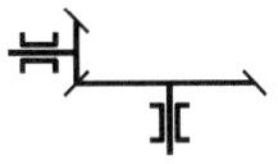
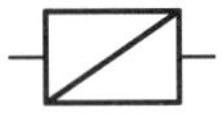	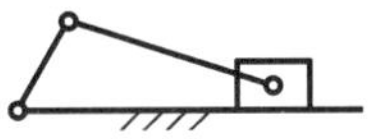	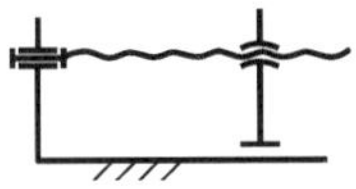	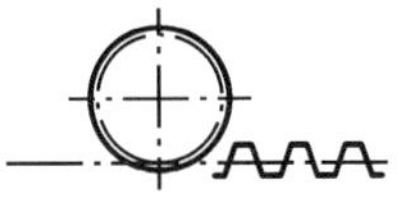

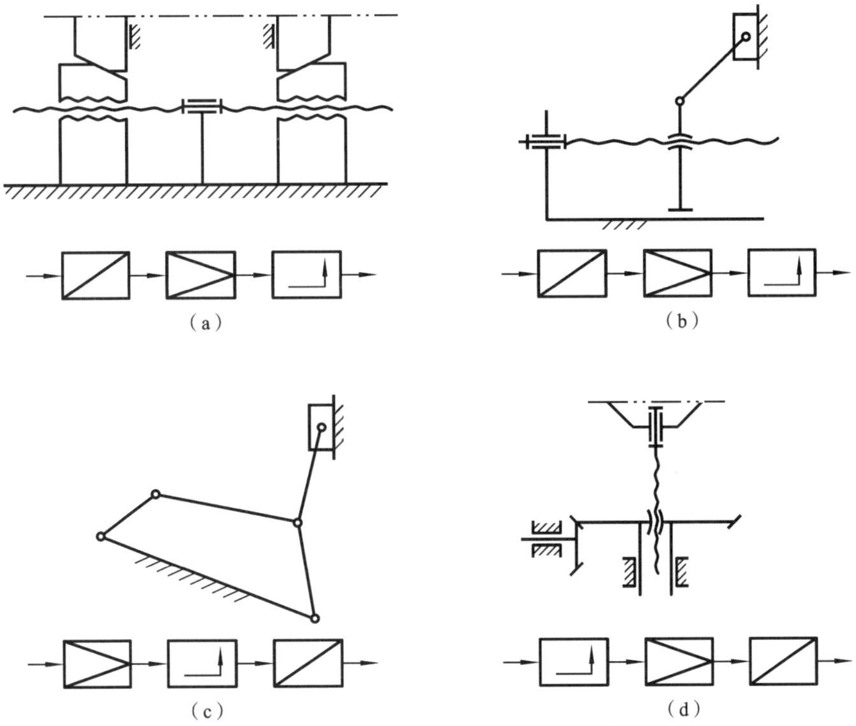

图 2-4 加压装置部分运动方案

关于如何评价由不同机构组成的运动方案见 2.2 节叙述。

2.1.6 机构运动循环图

1. 机构运动循环图的应用

一般机械常需要多个机构共同工作才能实现预定的功能,这就不可避免地要求各个机构执行构件间主要动作的协调配合。为了表明这种协调配合关系,就必须绘制机械运动循环图即工作循环图,它常以机械中最主要的执行构件为基准构件,首先绘出它在一个运动循环中各个时刻所处的工作位置,然后逐一绘出其他执行构件对基准构件的参照位置。

根据功能要求及生产工艺的不同,机械运动循环分为无周期性循环和有周期性循环两大类。在执行周期性循环运动的机械中,各执行构件每经过一定的时间间隔,它的位移、速度及加速度等参数就周期性地重复 1 次,完成 1 次循环。对于具有固定运动循环的机械,用来描述各执行构件运动间相互协调配合关系的图称为机械运动循环图。机械运动循环图是保证执行机构动作协调配合不发生干涉,以及保证高生产率的一个重要环节,在机械设计及以后的制造安装、调试、维修中都将有重要作用。其应用主要表现在以下几个方面:

(1) 确定各执行机构原动件在主轴上的方位,或者控制各个执行机构原动件的凸轮安装在分配轴上的方位;

(2) 指导各执行机构的具体设计;

(3) 作为装配调试自动机械的依据;

(4) 机械运动循环图反映了机械的生产环节,可用来核算机械的生产率,并可用来作为分析、研究提高机械生产率途径的基本文件;

(5) 作为分析研究各执行机构的动作如何紧密配合相互协调的重要文件。

2. 运动循环图的类型

常用的运动循环图有 3 种,即直线式运动循环图、圆周式运动循环图和直角坐标式运动循环图。3 种图各有其特点。将机械在 1 个工作循环中各执行构件的各运动区间的起止时间和先后顺序按比例绘制在直线轴上,形成的长条矩形就是直线式运动循环图。直线式运动循环图能清楚地表示整个运动循环各执行机构的执行构件行程之间的相互顺序和时间(或转向)的关系,其绘图简单,但直观性差,无法显示执行构件的运动规律。以圆点 O 为圆心,作若干个同心圆环,每个圆环代表 1 个执行构件,由各相应圆环分别引径向直线表示各执行构件不同运动区段的起始位置和终止位置形成的图形为圆周式运动循环图。圆周式运动循环图直观性较强,因为机械的运动循环通常是在分配轴转 1 周的过程中完成的,所以通过它能直接看出各个执行机构原动件在分配轴上所处的相位,便于凸轮机构的设计、安装和调试。但当执行机构数目较多时,同心圆太多,看起来不清楚,而且圆周式运动循环图同样也不能显示各执行机构的运动规律。以横坐标轴代表机械的主轴或分配轴的转角,以纵坐标轴代表各执行构件的角位移或线位移,所形成的图形为直角坐标式运动循环图。直角坐标式运动循环图不仅能清楚地看出各执行机构的运动起止时间,而且各执行机构的运动规律、位移情况及相互关系一目了然,并可指导执行机构的几何尺寸设计。

图 2-5 所示为以牛头刨床为例的 3 种运动循环图。在这 3 种运动循环图中直角坐标式运动循环图不仅能表示出这些执行机构中构件动作的先后,而且能描绘它们的运动规律及运动上的配合关系,直观性较强,比其他两种运动循环图更能反映执行机构的运动特性,并能作为下一步机构几何尺寸设计的依据。所以在设计机械时,通常优先采用直角坐标式运动循环图。

3. 绘制运动循环图的步骤

绘制运动循环图一般是在机器的传动方式以及执行机构的结构均已初步拟定好后再进行,其具体步骤如下。

1) 确定执行机构的运动循环时间 $T_{执}$

机械的运动循环时间是指机械完成其功能所需的总时间,实际上是指执行机构的 1 个工作循环所占用的时间。例如一曲柄摇杆机构,曲柄为原动件,$n_{曲}=20 \ \mathrm{r/min}$;执行构件曲柄每

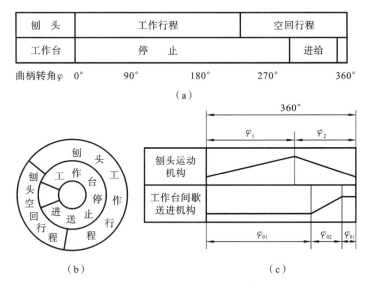

图 2-5　以牛头刨床为例用 3 种方式表示的运动循环图

(a) 直线式循环图　(b) 圆周式循环图　(c) 直角坐标式循环图

转 1 周（360°），摇杆往复 1 次完成 1 个工作循环，则其运动循环时间为 $T_{执}=1/n_{曲}=3$ s。

2）确定组成循环的各个区段

运动循环中一般有工作行程、空回行程和停歇区段，为了提高生产效率，一般应使空回行程尽量短，这样机构就存在急回特性，要根据工艺要求确定其行程速比系数 K。

3）确定执行构件各区段运动的时间及相应的分配轴转角

确定了执行机构的运动循环时间 $T_{执}$ 和组成循环的各个区段，即进一步确定执行构件各区段运动的时间及相应的分配轴转角。例如，在曲柄摇杆机构中，执行机构摇杆的运动循环时间为

$$T_{执}=t_{工作}+t_{空程}=2 \text{ s}+1 \text{ s}=3 \text{ s}$$

与此相应的曲柄轴转角（分配轴转角）为

$$360°=\varphi_{工作}+\varphi_{空程}=240°+120°$$

4）初步绘制执行机构的运动循环图

根据以上计算，选定比例系数即可画出相应执行机构的运动循环图。值得指出的是，当选用不同类型的机构作为执行机构时，它们的运动循环图也随之不同。

5）对各执行机构做同步化设计，最后画出整机的运动循环图

运动循环的同步化设计包括时间同步化和空间同步化。当各个执行机构的运动循环图都绘制好以后，必须按其工艺动作的顺序将它们恰当地组合在一起，绘出整台机器的工作循环图。这时应考虑到各执行机构在时间和空间上的协调性，即不仅时间上各执行机构要按一定的顺序进行（称为运动循环的时间同步化），而且空间上各执行机构在工作过程中要避免产生空间位置的相互干涉（称为运动循环的空间同步化）。在满足时间同步化时，不是简单地让最大运动循环时间等于各执行机构循环时间之和，还应考虑尽量提高生产率，各执行机构在不发生干涉的情况下可以交错运行，空间同步化的协调亦是如此。

4. 绘制运动循环图示例

现以半自动制钉机为例来说明制造一枚鞋钉的运动循环图。该鞋钉分为钉头、钉杆和钉

尖,钉杆为四方锥形。半自动制钉机的机构系统由 4 个凸轮机构组成(图 2-6 中分别画出它们的执行构件),其工艺过程如下。

(1) 镦头。冲头 1 左进镦出钉头,在锻过程中,冲头 3 压紧钢丝料 5。

(2) 送料。由送料夹持器 2 分 4 次间歇送进,前 3 次每次送进量约为长度的 1/3,第 4 次送进量略大于前 3 次的送进量。

(3) 压紧、挤方。由冲头 3 在前 3 次送料后的停歇阶段将钉挤压成方形,在其余工作循环中冲头 3 保持与钉杆接触,起压紧作用。

(4) 挤尖切断。在第 4 次送料后,由切断刀 4 同时完成挤尖、切断工序,完成 1 枚鞋钉的制作。

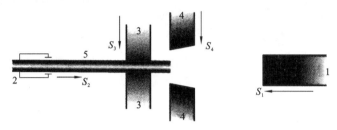

图 2-6　制钉机工艺过程

1,3—冲头;2—送料夹持器;4—切断刀;5—钢丝料

根据以上工艺过程,综合考虑各执行机构间的协调统一,分别画出 3 种形式的运动循环图。

(1) 直线式运动循环图。自动制钉机制钉的直线式运动循环图如图 2-7 所示。

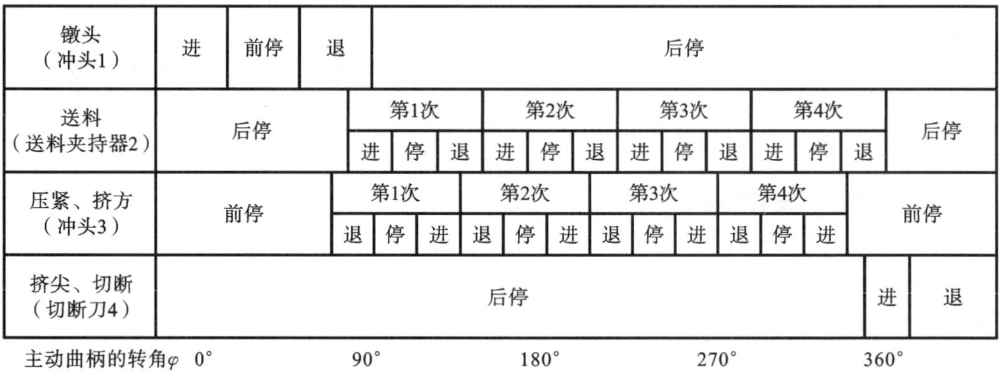

镦头 （冲头1）	进	前停	退	后停												
送料 （送料夹持器2）	后停			第1次			第2次			第3次			第4次			后停
				进	停	退	进	停	退	进	停	退	进	停	退	
压紧、挤方 （冲头3）	前停			第1次			第2次			第3次			第4次			前停
				退	停	进	退	停	进	退	停	进	退	停	进	
挤尖、切断 （切断刀4）	后停														进	退

主动曲柄的转角φ　0°　　　　　90°　　　　　180°　　　　　270°　　　　　360°

图 2-7　直线式运动循环图

(2) 圆周式运动循环图。自动制钉机制钉的圆周式运动循环图如图 2-8 所示。

(3) 直角坐标式运动循环图。自动制钉机制钉的直角坐标式运动循环图如图 2-9 所示。为简明起见,通常忽略实际的运动规律,将各运动区段用直线连接,此时只反映出各构件间运动的协调、配合关系。

值得注意的是,在完成执行机构的尺寸设计后,常常由于结构和整体布局方面的原因或加工工艺方面的原因,或改善执行机构运动和动力特性方面的原因,必须对执行机构的构件尺寸进行必要的调整和修改。这样执行机构所实现的运动规律与原先设计的就不完全一样,因此,必须以改进后的结构设计、强度设计和刚度设计来确定的构件结构尺寸,精确地描绘出机械运动循环图。

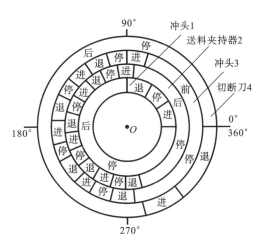

图 2-8   圆周式运动循环图

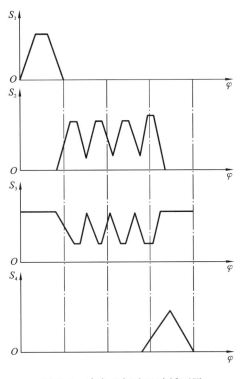

图 2-9   直角坐标式运动循环图

2.1.7   运动学、动力学分析

经过以上各阶段的工作,得到了以机构运动简图表示的机构,这个机构能否满足所提出的工艺要求,需要通过运动学、动力学分析来验证。

机构的运动分析就是令机构的原动件按给定的运动参数运动,求出从动件的运动参数和运动规律,根据运动分析的结果判定机构所能实现的运动与设计任务所要求工艺动作的符合程度。如果分析结果表明二者差别较大,即机构所能实现的运动变换不能满足工艺动作要求,则需要修改机构尺寸或重新选择机构的类型。

动力学分析应在原动力或外载荷和机械的结构设计等基本参数已确定的前提下进行。在初始设计阶段,可以参考已有的同类机械或类型相近的机械大体确定这些基本参数,待零部件设计阶段再进行修正。

在机械的零部件结构形状和尺寸初步确定的前提下,能够估算出构件的动力学参数,即质量、质心位置及转动惯量,结合运动分析的结果,就可以计算出在运转过程中构件的惯性力和惯性力矩;然后使用动态静力方法进行机构的受力分析;经过受力分析,可以确定机械中各个零部件在工作过程中所承受的载荷大小及其变化规律,为机构的平衡和调速设计、零部件承载能力验算、确定原动机容量大小等提供依据。对于轻载、低速机械,受力分析时不一定考虑惯性载荷,但在高速、重载机械设计中,惯性载荷可能占相当大的比例,是不容忽视的。

对于大型、高速、重载机械或精密机械,动力学研究是十分重要的,其内容包括:机械在外力作用下的真实运动规律,怎样提高机械运转的平稳性,如何避免和减小机械运转过程中的振动等。近年来,对机构运转质量的要求不断提高,在一些高速、精密的机构设计中甚至要考虑构件在运动过程中的弹性变形和振动。

在用计算机为工具进行辅助设计的现代设计方法中，机构设计和分析工作常常是交织在一起的，分析工作已成为设计工作中不可分割的一部分。

2.2　运动方案的评价比较及选优

在机械运动方案的设计时，对于满足某种功能要求的机械，可能的运动方案有多个。建立一个运动方案的评价体系，对运动方案的选择十分必要。工程设计评价体系包含的内容很多，方法也各有不同。鉴于机械原理课程设计的目的偏重于对学生进行基本机构类型、结构的认识与比较，让学生进行机构运动和受力分析与综合基本方法的训练，以及遵循本书提出的简单实用原则，因此，这里仅仅从课程性质的角度，介绍一些进行机械运动方案评价的着眼点和主要考虑的因素。

2.2.1　位移、速度、加速度的分析比较

对机械运动方案评价时，首先应该对各种运动方案的实现机构进行位移、速度、加速度分析，它直接关系机构实现预期功能的质量。在实际机构设计中，很多机构在位移或轨迹方面提出了要求，比如机构外廓尺寸、构件行程大小和能否通过一系列位置或走出直线、圆弧及其他特殊曲线等；有些机构要求速度满足某种变化规律，如冲床在冲压过程中，要求冲头能实现较好的等速运动，回程需要一定的急回等；振动筛机构则要求执行构件有很大的速度变化。另外，加速度不仅直接影响机构对运动的要求，还对机构惯性力的大小产生影响，关系到机构运动的平稳性。通过绘制机构的位移、速度、加速度变化曲线图，并结合机构的运动循环图，考察主运动和辅助机构在运动的形式、位移、速度、加速度、传动精度等方面是否满足设计要求。

可以具体选择主要的执行构件，如牛头刨床选择滑枕，冲床选择冲头等，通过运动分析的数据和执行构件随原动件转角在整个运动循环中的位移、速度、加速度变化曲线图，对机构在运动方面是否满足设计要求进行比较。

2.2.2　机构中作用力及相关分析

各种机构都要克服阻力进行工作。在外载荷一定的情况下，机构完成同样的动作，不同类型机构、不同形状和尺寸的构件对机构的传力的性能、效率、强度、冲击振动、噪声、磨损等方面的影响各不相同。因此，需要进行机构整个运动循环的力分析，比较各方案中各构件和运动副受力的大小和方向，结合加速度分析惯性力的大小和变化规律。

评价凸轮机构、连杆机构等的传力性能，主要考虑机构的压力角或传动角，设计中是否保证了机构的工作压力角不超过许用值；对行程不大但工作阻力很大的机构，则考虑是否借用了具有"增力"作用的连杆机构，如锻压肘杆机构是否保证了其在靠近死点附近时仍能正常工作；对于需要自锁的机构，需要考虑是否满足自锁条件，自锁的可靠性如何及自锁如何解除等。

另外需要注意的是，高速下使用的连杆机构具有较大的惯性力，且难以平衡，需要考虑机构惯性力平衡的问题是怎样解决的。

机构中应尽量避免存在虚约束，否则不仅会增加机械加工量，更主要的是会导致机构装配困难；尺寸不当还会产生额外的反力，严重时还可能使机构卡死。

2.2.3 机构结构的复杂程度和运动链长短

机构组合应追求简单,由原动件到运动输出构件间的运动链要尽量短,应采用尽量少的构件和运动副,同时增加专业厂家生产的通用件和标准件。这样不仅可以使制造和装配更简单容易,减少加工制造的费用,减小机器的质量和外廓尺寸,减少摩擦损耗,增加系统刚度,有利于成本的降低和机械效率及可靠性的提高,同时还可以减少加工制造误差及运动副本身间隙带来的误差累积,提高系统的传动精度。因此,有时宁可采用有设计误差但结构简单的近似机构,而不采用结构复杂的精确机构。

2.2.4 机构在运动链中的排布方式

传动系统的机械效率取决于系统中各个机构的效率和机构的排布方式。串联系统的总机械效率为各分级机构效率的连乘积,系统的总效率不会高于各分级机构效率中的最低值;并联系统的总机械效率介于各分级机构效率的最高值与最低值之间。所以,串联系统不使用效率低的机构,而并联系统尽量多地将功率分配给机械效率高的机构。主运动链传动机构往往需要传递大功率,适宜高转速,故应具有高效率,应优先选择传力性能好、冲击振动噪声小、磨损变形小、传动平稳性好的机构,而辅助运动链传动机构则次之。

转变运动形式的机构,如凸轮机构、连杆机构、螺旋机构等,通常安排在运动链的末段(低速级),靠近执行构件,以简化运动链;而变换速度的机构则安排在靠近高速级。

带传动等依靠摩擦进行传动的机构,在传递同样扭矩的条件下,与依靠啮合传动的机构相比,外廓尺寸大很多。由于当功率一定时,提高转速可以减小扭矩,所以,对依靠摩擦进行传动的机构,应尽量安排在传动系统的高速级,以减小传动机构的尺寸并发挥其过载保护作用。链传动在高速下,运转平稳性较差,振动和噪声较大,但链传动的传力性能较好,所以链传动通常安排在低速级。

在传动系统中,如果有锥齿轮机构时,为减小锥齿轮的外廓尺寸(大尺寸的锥齿轮加工较困难),应将锥齿轮传动尽量靠近转速高端;对于既有齿轮机构传动,又有蜗轮蜗杆机构传动的运动链,如果系统以传递作用力为主,应尽量将蜗轮蜗杆传动放在靠近转速高端,而齿轮机构传动相对放在较低转速端;如果系统以传递运动为主,则应将齿轮机构传动放在靠近转速高端,而蜗轮蜗杆传动放在较低转速端。

2.2.5 传动比的分配合理性

传动系统总传动比的选择,与原动机转速的有直接关系。通常情况下,一般都选择电动机作为主要原动机。不同转速的电动机,其外廓尺寸和价格有时相差较大。传动系统较大的减速比有利于选择较高速的电动机(外廓尺寸小且价格较低),但这样势必会增加传动系统的负担,效果不一定好。所以,应权衡后合理选择传动系统总传动比。

每一级的传动比应在该机构常用的合理范围内选择。某一级的传动比过大,会使整个系统结构趋于不合理。传动比较大情况下,采用多级传动往往可以减小传动系统的外廓尺寸。带传动因外廓尺寸较大,故很少应用于多级传动中。

实现多级减速传动时,一般按照"先小后大"的原则分配每一级的传动比,这样对系统比较有利,即 $i_1 < i_2 < \cdots < i_n$,且相邻两级的传动比不要相差过大。这样,可以使多级减速装置的中间轴有较高的转速和较小的扭矩,轴和轴上零件具有较小的外廓尺寸,使整个传动系统的结构

紧凑。

2.2.6　选择不同结构形式的运动副

运动副的结构形式在机械传递运动和动力的过程中起着重要的作用,直接关系到机械系统的复杂程度、机械效率、传动的灵敏性和使用寿命等。一般来说,转动副元素结构简单,便于加工制造,容易获得较高的配合精度,且传动效率也较高。移动副元素加工制造稍难,配合精度和机械效率稍低,且容易发生楔紧、自锁或爬行现象。所以,移动副多用于实现直线运动或将曲线运动转换为直线运动的场合。

采用带有高副或曲面元素的机构,往往可以较精确地实现给定的运动规律,且使用的构件数和运动副数较少,比使用低副机构具有更短的运动链。曲面元素使用恰当,可以设计出结构简单、构思巧妙的机构。需要注意的是,高副元素一般形状复杂,受力状况不佳,易磨损,故多用于低速、轻载的场合。

2.2.7　其他

动力机类型的选择不同,也将对机构传动系统的繁简程度和改善运动及动力性能等多方面产生较大的影响。如执行构件进行直线运动时,若可以选用直线动力机(汽缸、液压缸、直线电动机等),将可以省去运动变换机构。

机械系统总体的经济性和实用性评价包括:机械效率的高低、机器功耗的大小;机构的可操作性,使用、维护的费用;寿命长短、安全可靠和舒适性;各种机构的特点是否得到最大限度的发挥,机构结构是否还存在不合理性;设计难度的高低;预期加工制造、安装是否容易;设计结果是否符合生产厂家的生产能力和生产批量的大小等。

机构设计中的创新成分包括:新的传动原理,新的传动机构,新的设计方法,以及对现有机构应用的新开拓、新发现等。

2.3　机械创新设计

一个好的机械产品,应该是在实用功能或巧妙的结构设计方面让人"耳目一新",让他人看到产品后产生"一探究竟"的本能欲望,如迫切希望能试用该产品,或是急于了解产品内部构造,以洞悉外在的功能所支撑的内部结构等。好的机械产品设计的关键阶段的是方案创新设计阶段,需要设计者拥有一定的创新能力,而机械原理的知识在这个阶段起到重要作用。引导学生将机械原理的知识融入产品设计中,融入学生毕业设计中,或指导学生参加全国机械创新设计竞赛、全国大学生工程训练综合能力竞赛等学科竞赛,对于培养创新型人才都起到了非常重要的推动作用。

机械创新设计是相对常规设计而言的,是指在给定的机械产品功能或特性基础上,利用所学专业知识,充分利用新技术、新理论、新材料等,结合机械产品设计经验,创造性地设计完成功能多样、实现方法或手段新颖独特、具有较好的市场使用价值的产品,它特别强调人在设计过程中,特别是在总体方案结构设计阶段中的主导性及创造性作用。图2-10所示为机械创新方案设计的一般过程,它分为4个阶段。

(1) 确定(选定或发明)机械的基本工作原理。这一阶段可能涉及机械学对象的不同层次、不同类型的机构组合,或不同学科知识、技术的问题。

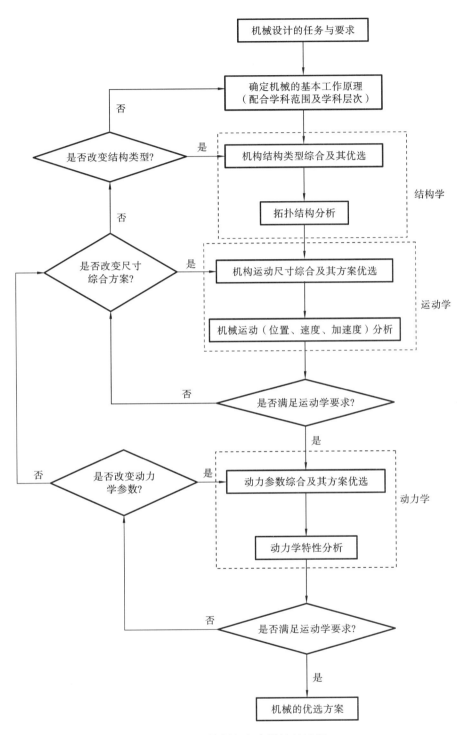

图 2-10　机械创新方案设计的过程

（2）机构结构类型综合及其优选。优选的结构类型对机械整体性能和经济性具有重大影响，它多伴随新机构的发明。

（3）机构运动尺寸综合及其方案优选。其难点在于求得非线性方程组的完全解（或多解），为优选方案提供较大的空间。

（4）动力参数综合及其方案优选。其难点在于参数量大参数值变化域广的多维非线性动力学方程组的求解，这是一个待深入研究的课题。

完成上述机械工作原理、结构学、运动学、动力学分析与综合的四个阶段，便形成了机械设计优选方案。然后进入机械结构创新设计阶段，主要解决基于可靠性、工艺性、安全性、摩擦学的结构设计问题。机械创新设计能充分发挥设计者的创造力，利用人类已有的相关科学技术成果进行创新构思，设计出具有新颖性、创造性及实用性的机构或机械产品。

第 3 章 机构的创新设计

3.1 创新概述

创新是以现有的思维模式提出有别于常规或常人思路的见解为导向,利用现有的知识和物质,在特定的环境中,本着理想化需要或为满足社会需求而改进或创新的事物,包括但不限于各种产品、方法、元素、路径、环境等,并能获得一定有益效果的行为。

创新设计是指设计人员在设计中发挥创造性,提出新方案,探索新的设计思路,提供具有社会价值的、新颖的而且成果独特的设计成果。

创新能力人人具备,只是强弱不同而已。大量事实表明,人的创新能力是可以通过教育、学习、实践训练而培养并获得提高的。学校培养创新型学生,主要是通过理论学习、社会实践、生活实践、教学性实践(包括上课、作业、实验、课程设计等)和生产性实践(包括生产实习、毕业设计、科学研究等)各个教学环节来实现。

培养创新能力,首先是要培养一颗好奇心,善于提出问题;二是培养正确处理创新与继承的关系;三是培养善于打破常规的能力;四是培养顽强进取的坚韧毅力,造就不怕困难和挫折,勇于进取的精神;五是培养团结协作能力,积极地融入组织或研究团队,激发创造的灵感;六是培养广泛的兴趣,涉猎广博的知识。

创新技法是解决人们对创造性思维和创造理论加以具体化应用的技巧,主要有系统分析法、群体集法、联想法、类比法、仿生法、组合创新法等。

3.2 机构的创新设计

机械是机器和机构的总称,机构是机器中执行机械运动的主体,机器可以由一个简单机构组成,也可能是多个机构组成的传动系统。所以机械创新的实质内容是机构的创新,开发和创造各种设计巧妙的机构,很大程度上决定了创新的成败。

机构的创新设计是指利用各种机构的综合方法,设计出能实现特定运动规律、特定运动轨迹或特定运动要求的新产品的过程。如何根据工艺动作的特点从众多的机构中挑选出最合理的机构,如何创造出新机构,如何将多个机构合理集成在一起,使之成为一个能理想地完成设计任务的功能载体,是机构创新设计中最关键的一个环节。

机构创新设计中,在保证机构能满足基本运动要求的同时,还应满足机构设计的一些一般性原则:机构应尽可能简单、尽量缩小机构尺寸、使机构具有较好的动力学特性等。

要创造一种以前从未有过的新机构是一件非常困难的事。但是,如果能从现有的机构中发现一些尚未被人察觉的某些性能,并将其加以巧妙利用,也有可能创造出一种新机构,这也是当今机构创造发明是重要方法之一。

常见的机构创新方法有:机构的演化与变异、利用机构的组合、仿生设计、利用运动链的再生原理、变胞原理设计等。

3.2.1　机构的演化与变异创新设计

机构的演化与变异方法,如变换机架、构件形状变异、运动副变异等,可以为设计者提供更多的具有不同外形、不同功能、能满足特殊工作要求的更多实用机构。

对于一个基本机构,采用不同构件作为机架,可以得到不同功能的机构。机架变换规则不仅适合低副机构,也适合高副机构,但两者有很大区别。机架变换过程中,机构的构件数目和运动副类型没有发生变化,但变异后的机构性能却可能发生很大改变,机架变换是机构创新设计的一个有效手段。例如:对心曲柄滑块机构通过变换机架可以得到导杆机构、曲柄摇块机构、移动导杆机构等。这些知识在机械原理课程中已做了详细介绍,在此不再赘述。

构件的形状变异不仅可以用来避免构件之间的运动干涉,还可以用来满足特定的工作要求。例如,在摆动从动件凸轮机构中,为避免摆杆与凸轮廓线发生运动干涉,经常把摆杆做成曲线或弯臂状,如图 3-1 所示。

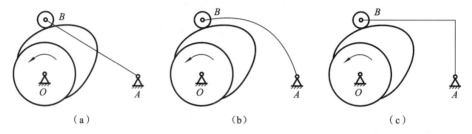

$$(a) \qquad\qquad (b) \qquad\qquad (c)$$

图 3-1　凸轮机构中摆杆的形状变异

图 3-2 所示的凸轮机构将摆杆构件设计成 2、3 两段,用铰链连接并配以弹簧约束,靠限位挡块来决定运动构件如何运动。在摆杆未接触到挡块之前,构件 2 和 3 如同一个构件,运动与普通凸轮机构相同,而当摆杆遇到挡块则构件 3 停止,构件 2 单独运动。

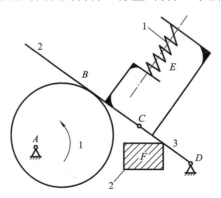

图 3-2　改变摆杆构件结构的凸轮机构

图 3-3 所示的曲柄滑块机构中,将导路与滑块设计成曲线状,曲率中心的位置按工作需要确定,该机构可用在圆弧门窗的启闭装置中。

巧妙利用机架的结构形状,也可使机构大为简化,并实现特殊功能。在用连续纸卷生产包装纸袋、填充和切断的工艺过程中,就采用了称之为象鼻成形器的曲面固定构件,如图 3-4(a)所示。它便于实现纸袋卷制成形这一复杂的工艺动作,并连续进行物料填充及后续的切断等,使制袋、填料、包装一气呵成。

图 3-4(b)所示为使用固定凸轮为机架的机构,使 *BC* 构件能方便地实现复杂的平面运动。

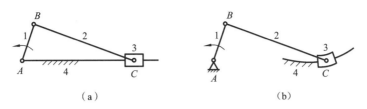

图 3-3　曲柄滑块机构中导路形状的变异

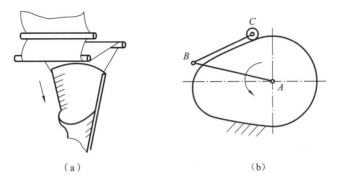

图 3-4　采用特殊形状构件作为机架

（a）象鼻成形器　（b）凸轮为机架

　　转动副形状的变异设计主要指轴颈尺寸的改变,即转动副的扩大。图 3-5 所示曲柄摇杆机构,图 3-5(a)所示为机构运动简图,图 3-5(b)所示为该机构中转动副 B、C、D 依次扩大后形成的机械装置。该装置具有较高强度与刚度。

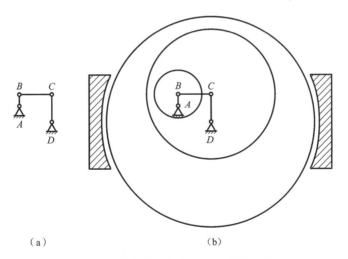

图 3-5　曲柄摇杆机构中转动副的变异

　　移动副的变异可分为移动滑块的扩大和滑块或导路形状的改变。图 3-6 所示机构为曲柄滑块机构中滑块扩大后的示意图。扩大后的滑块可把其他构件包容在块体内部,适合驱动大面积的块状物体,或应用在剪床或压床之类的工作装置中。

　　图 3-7(a)所示为正弦机构,其两移动副的导轨相互垂直,运动输出构件的行程为两倍曲柄长度 $2r$。如果改变运动输出构件的形状,使两移动导轨间的夹角为 $\alpha \neq 90°$,如图 3-7(b)所示,则运动输出构件的行程将增大为 $2r/\sin\alpha$。如果将图 3-7(a)中竖直方向的导杆由直导轨改

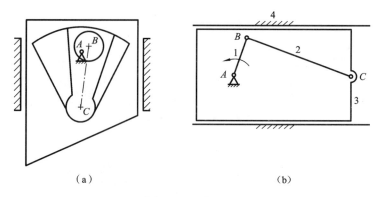

图 3-6　曲柄滑块机构中滑块的变异

变为半径为 r 的圆弧导轨，则运动输出构件在一个运动循环中可实现有停歇的往复直线运动，如图 3-7(c) 所示。

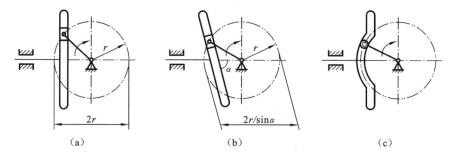

图 3-7　正弦机构中移动副的变异

3.2.2　机构的组合创新设计

单一的基本机构，如连杆机构、凸轮机构、齿轮机构等，往往由于其本身所固有的局限性而无法满足自动机械和自动生产线上复杂多样的运动要求。为此，人们尝试将各种基本机构进行适当的组合，使各基本机构既能发挥其特长，又能避免其本身固有的局限性，从而形成结构简单、设计方便、性能优良的结构系统。这是发展新机构的重要途径之一。

组合机构按组合方式可分为串联式、并联式、复合式、叠加式、反馈式以及混合式等组合机构。

（1）串联式。

串联式组合机构的前一级子机构的输出构件为后一级子机构的输入构件。图 3-8(a) 中的连杆机构与齿轮机构串联组合，实现大摆角的往复运动，它常用于将仪表中微小位移放大后送到指示机构。

（2）并联式。

若干个单自由度的基本机构的输入构件连接在一起，保留各自的输出运动；或若干个单自由度机构的输出构件连接在一起，保留各自的输入运动；或输入构件连接在一起、输出构件也连接在一起。以上均称为并联机构组合，其特征是各基本机构均是单自由度机构。

图 3-8(b) 所示压床机构中，两个曲柄驱动两套相同的串连机构，再通过滑块输出动力，使滑块受力均衡。该并联组合机构可使机构的受力状况大大改善，因而在冲床、压床机构中得到广泛的应用。

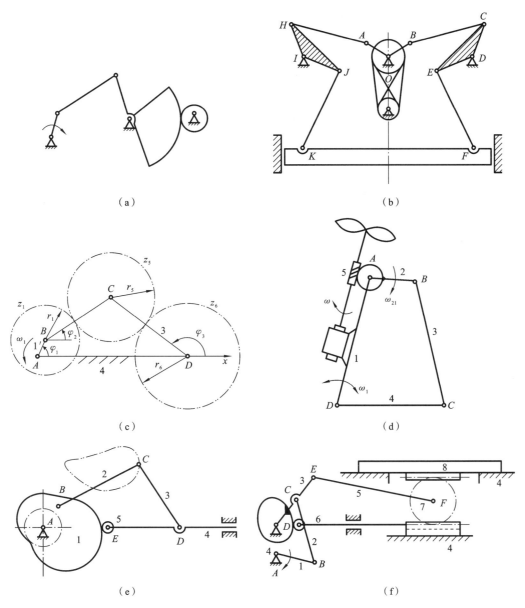

图 3-8 组合机构

(a) 连杆-齿轮串联式组合机构　(b) 压床机构　(c) 复合式组合机构

(d) 摇头电扇机构　(e) 反馈式组合机构　(f) 混合式组合机构

（3）复合式。

复合式组合机构组合方式的特点是：n 个单自由度的基本机构的输出运动是 $n+1$ 个自由度的基本机构的输入运动。另外来自驱动件的输出运动直接作为 $n+1$ 个自由度的基本机构的输入运动，该 $n+1$ 个自由度的基本机构将 $n+1$ 个输入运动合成为一个输出运动。图 3-8（c）所示为齿轮-连杆机构组成的复合式组合机构，使齿轮 3 能实现更复杂的运动规律。

（4）叠加式。

机构的叠加组合是指在一个基本机构的可动构件上再安装一个以上基本机构的组合方式。支撑其他机构的基本机构称为基础机构，安装在基础机构可动构件上的机构称为附加机构。图 3-8(d)所示为蜗杆机构与连杆机构叠加而成的摇头电扇机构。这是以齿轮机构为附加机构、以连杆机构或齿轮机构为基础机构的叠加方式。

（5）反馈式。

图 3-8(e)所示为反馈式组合机构。由两个自由度的五杆机构 OABCD 为基础机构,凸轮机构为封闭机构。五杆机构的两个连架杆分别与凸轮和推杆固接,形成了凸轮连杆封闭组合机构,使原来只能实现有限轨迹点的连杆机构扩展为在理论上能精确实现任意轨迹。

（6）混合式。

包含两种或两种以上组合方式的机构系统称为混合式组合机构。图 3-8(f)为印刷机中的传动机构,由连杆机构、凸轮机构、齿轮齿条机构复合而成。凸轮机构的作用是可以修正输出齿条 8 的速度,以使齿条(即平台)实现近似等速运动。

3.2.3　机构仿生创新设计

仿生与机构创新设计密切相关。通过研究自然界生物的结构特性、运动特性与力学特性,设计出模仿生物特性的新机构,也是创新设计的重要内容,其成果非常丰硕,如仿生机械手、步行机器人、爬行机器人等。图 3-9(a)所示为多足动物的仿生腿的一种结构示意图,图 3-9(b)所示为仿四足动物的机器人机构示意图。

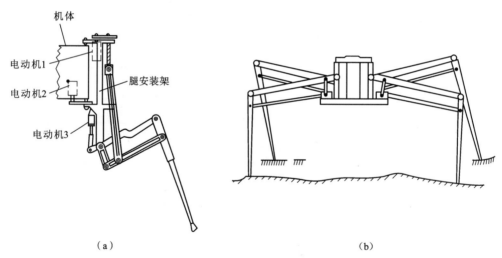

（a）　　　　　　　　　　　　　　（b）

图 3-9　多足动物的仿生腿结构

（a）多足动物的仿生腿　（b）仿四足动物的机器人机构

3.2.4　广义的机构创新

广义机构是指利用液、气、声、光、电、磁等工作原理的机构,所对应的发明原理除了机械系统的替代原理以外,气动与液压结构、机械振动等的应用也将有助于产生各种新的广义机构。随着科学技术的发展,这类机构的应用日趋广泛。图 3-10 所示为一贴商标机的工作原理图。取纸放纸构件转动,分别经历吹吸气泵的吸、吹区;在吸附区完成涂胶工作;在吹出区完成粘贴工作;经压刷平整后完成整个贴商标工作。在该装置中采用气动装置实现了取放纸动作。

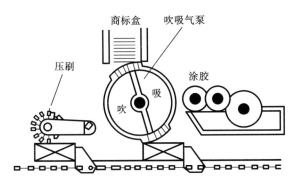

图 3-10   贴商标机的工作原理图

中篇 课程设计资料

第4章 机械运动方案及机构分析设计实例

4.1 牛头刨床主传动系统运动方案设计

机械系统的方案设计是机械设计最根本和最优先的环节,其中最重要的是工作原理的确定。不同的原理,其执行机构的运动方案将完全不同,所设计出的机械在工作性能、动力特性、经济性、可靠性、外观和复杂程度等方面都会有较大差异。完成同一生产任务的机器,可以有多种多样的设计方案,即使是同一种设计方案,也可以有不同的参数组合。设计者可根据具体情况拟定经济可靠、工作效率高、结构合理的设计方案。

方案设计主要包括工作原理的确定、各执行机构的选型组合及时间空间上的协调、机构运动简图、传动系统示意图的绘制和方案的评价等。

现以牛头刨床主运动为例,说明如何进行机械运动方案的设计。

牛头刨床主要用于单件小批生产中刨削中小型工件上的平面、成形面和沟槽等,其主运动为:电动机→减速传动→转动转化为带急回的往复直线运动,其进给运动为:电动机→减速传动→产生间歇运动→驱动工作台进给。

4.1.1 牛头刨床主运动和工作要求

(1) 为了提高工作效率,在空回行程时,刨刀要快速退回,即要做急回运动,行程速比系数 $K=1.45$ 左右。

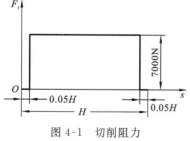
图4-1 切削阻力

(2) 为了提高刨刀的使用寿命和工件的表面加工质量,在工作行程时,刨刀速度要平稳,切削阶段刨刀应做近似匀速直线运动。

(3) 工作条件:曲柄转速 $n=60$ r/min,刨刀行程 $H=300$ mm,切削阻力 $F_r=7\,000$ N,其变化规律如图 4-1 所示。

4.1.2 机构选型

为实现上述主要运动和工作要求,可按表 4-1 填充部分执行机构,并按排列组合原理构思机械系统的总体运动方案。

可得方案数至少为 $3^3=27$ 个,下面具体分析其中 6 个基本合理的运动方案。牛头刨床机构的原动机为 Y 系列电动机,转速常为 1 000~1 500 r/min;将带和齿轮传动布置在高速级是比较合理的选择。齿轮传动转速的适应范围广,斜齿轮传动的平稳性更优于直齿轮。带属于摩擦传动,本身承载能力较低,在传递相同功率时,带传动放在高速级即便于减小结构尺寸,同时又具有缓解冲击振动和提供过载保护作用等。故以下几个方案中基本功能 A 部分均选择了 A1。

表 4-1　基本功能和部分执行机构

机构 功能	A(减速机构)	B(产生急回运动)	C(摆动或转动→往复移动)
1	齿轮机构＋带传动	(摆动或转动)导杆机构	摆杆(或曲柄)滑块机构
2	齿轮机构＋链传动	铰链四杆机构(曲摇或双曲柄)	齿轮齿条机构
3	齿轮机构＋连杆机构	凸轮机构	凸轮机构

1. 方案Ⅰ（A1＋B1＋C1）

该方案由两个四杆机构组成(见图 4-2)。取杆长参数 $b>a$,构件 1、2、3、6 便构成摆动导杆机构,基本参数为 $b/a=\lambda$。构件 3、4、5、6 构成摇杆滑块机构。方案Ⅰ特点如下。

(1) 机构为平面连杆机构,运动副全部为低副,结构简单,加工方便,能承受较大载荷。

(2) 急回作用明显,其行程速比系数 $K=(180°+\theta)/(180°-\theta)$,而极位夹角 $\theta=2\arcsin(1/\lambda)$。只要恰当选择 λ,即可满足行程速比系数 K 的要求。

(3) 滑块的行程 $H=2L_{CD}\sin(\theta/2)$,θ 已确定,因此只需选择摇杆 L_{CD} 的长度,即可满足行程 H 的要求。

(4) 曲柄 1 主动,构件 2 与 3 之间的传动角始终为 90°。摇杆滑块机构中,当 E 点的轨迹位于 D 点所作圆弧高度的平分线上时,构件 4 与 5 之间有较大的传动角。当 $a=110$ mm、$b=380$ mm、$L_{CD}=540$ mm、$L_{DE}=135$ mm 时,可得机构有较大的最小传动角,即构件 4 与 5 之间的传动角 $\gamma_{min}=85.9°$,$K=1.46$,$H=312.6$ mm。机构横、纵向运动尺寸为

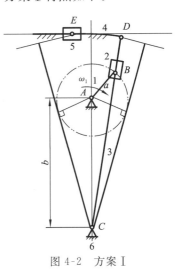

图 4-2　方案Ⅰ

474.2 mm 和 540 mm。可见,此方案结构简单,占用面积比较小,传力性能好。

(5) 工作行程中,能使刨刀速度比较慢,且变化均匀平缓,符合切削要求。

2. 方案Ⅱ（A1＋B1′＋C1）

该方案由两个四杆机构串联而成($b<a$)(见图 4-3)。其中,转动导杆机构的基本参数为 $a/b=\lambda$,对心曲柄滑块机构的曲柄和连杆长分别为 c 和 l。方案Ⅱ特点如下。

(1) 因行程速比系数 $K=(90°+\beta)/(90°-\beta)$,而 $\beta=\arcsin(1/\lambda)$。只要正确选择 λ,即可满足行程速比系数 K 的要求。若减小 λ,可使 K 增大,但将使导杆 3 的角速度变化剧烈,产生较大冲击。

(2) 滑块 5 的行程 $H=2c$,增大 c 可增大滑块行程;增大 l 可增大构件 4 与 5 间的传动角,并使滑块 5 的速度变化平缓,但机构的外廓尺寸增加较大。

(3) 因曲柄 1 和导杆 3 都做整周运动,所以机构横、纵向运动尺寸都较大。另外构件 4 与 5 之间的最小传动角比方案Ⅰ小。

(4) 若取构件 $b=100$ mm、$a=345$ mm、$c=156$ mm、$l=456$ mm,则 $\beta=16.83°$、$K=1.46$、$H=312$ mm。构件 4 与 5 之间最小传动角 $\gamma_{min}=70°$。机构横、纵向运动尺寸为 957 mm 和

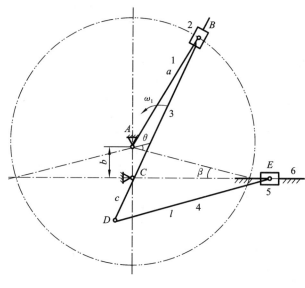

图 4-3　方案Ⅱ

601 mm。机构的传力性能和机构横、纵向运动尺寸均不如方案Ⅰ好。

3. 方案Ⅲ（A1＋B2＋C1）

该方案由两个四杆机构组成（见图 4-4）。构件 1、2、3、6 组成曲柄摇杆机构，构件 3、4、5、6 构成摇杆滑块机构。方案Ⅲ特点如下。

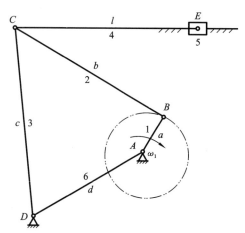

图 4-4　方案Ⅲ

（1）具有急回作用，极位夹角 θ、摇杆 3 的摆角 φ 及构件 2 与 3 之间的最小传动角 $\gamma_{\min}$ 如下。

$$\theta=\arccos\frac{d^2+(b-a)^2-c^2}{2d(b-a)}-\arccos\frac{d^2+(b+a)^2-c^2}{2d(b+a)}$$

$$\varphi=\arccos\frac{c^2+d^2-(b+a)^2}{2cd}-\arccos\frac{c^2+d^2-(b-a)^2}{2cd}$$

$$\gamma_{\min}=\left(\arccos\left|\frac{b^2+c^2-(d\pm a)^2}{2bc}\right|\right)_{\min}$$

由此可知，a、b、c 和 d 对 θ、φ、$\gamma_{\min}$ 均有影响。

（2）做往复运动的滑块 5 及做平面复杂运动的连杆 BC 和 CE 的动平衡较困难。

（3）当取构件尺寸 $a=110$ mm、$b=400$ mm、$c=400$ mm、$d=300$ mm、$l=400$ mm 时，机构极位夹角 $\theta=33.7588°$、急回特性系数 $K=1.46186$、摇杆摆角 $\varphi=46.14°$，$H=314.1265$ mm，构件 2 与 3 间的最小传动角 $\gamma_{\min}=27.478°$。机构横、纵向运动尺寸分别约为 557 mm 和 400 mm。

由此可知，此方案的纵向尺寸小于方案Ⅰ，且前置曲柄摇杆机构尺寸还可以进一步按比例缩小，只要保证摆角和摆杆长度尺寸即可满足滑块行程要求。但是，该机构的致命弱点是最小传动角太小，传力性能远不如方案Ⅰ好。

4. 方案Ⅳ（A1＋B2′＋C2）

本方案采用双曲柄机构与曲柄滑块机构串联结构（见图 4-5），构件 3 与滑块导路机架两次共线时，构件 1 曲柄之间所加的锐角为极位夹角 $\theta=180-2\varphi,\varphi=\arctan(c/d)$。

若取构件尺寸 $a=300$ mm、$b=180$ mm、$c=320$ mm、$d=100$ mm、$L_{ED}=156$ mm、$L_{EF}=456$ mm,则机构极位夹角 $\theta=34.7°$,急回特性系数 $K=1.478$,$H=312$ mm,构件2与3间的最小传动角 $\gamma_{min}=34.62°$、构件5与6间的最小传动角 $\gamma_{min}=70°$。机构横、纵向运动尺寸分别约为 892 mm 和 640 mm。

方案Ⅳ特点如下。

(1)基本可以满足刨刀行程和急回等运动方面要求。

(2)前置机构为双曲柄机构,两连架杆均转整圈,机构尺寸较大,且两传动轴需悬臂布置,否则两构件间将易发生运动干涉。

(3)机构的最小传动角较小,传力特性较差。

(4)构件2做平面复杂运动,机构动平衡比较困难。

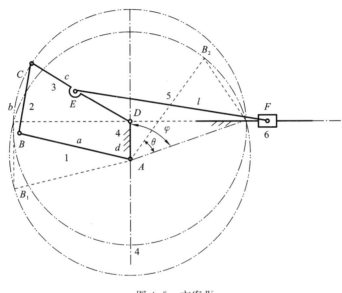

图 4-5 方案Ⅳ

5. 方案Ⅴ(A1+B1+C2)

该方案由摆动导杆机构和齿轮齿条机构组成(见图 4-6)。方案Ⅴ特点如下。

(1)加工齿轮齿条比加工一般平面连杆机构成本高很多。

(2)齿轮齿条之间为点接触,受力较大,润滑不便,易磨损,解决不好可能影响机器的运动精度与寿命。

(3)齿轮做变速往复摆动,角速度变化剧烈,轮齿受很大的冲击载荷,轮齿很容易产生折断。

(4)需解决扇形齿轮的动平衡问题。

6. 方案Ⅵ(A1+B3+C1)

该方案由凸轮机构和摇杆滑块组成(见图 4-7)。方案Ⅵ特点如下。

(1)凸轮机构虽可以获得任意的运动规律,但凸轮制造复杂,加工费用较高。

(2)凸轮与从动件间为高副接触,不适宜承受较大载荷,尤其是冲击载荷。凸轮表面接触强度和硬度要求高,否则凸轮表面产生剥落,廓线形状和运动规律将发生改变。

(3)滑块的行程 H 比较大,为了减小压力角,必然要增大凸轮的基圆半径,从而导致凸轮尺寸庞大和整个机构笨重。

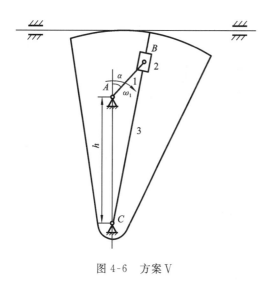

图 4-6　方案 V

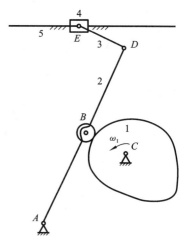

图 4-7　方案 Ⅵ

（4）需要用力封闭或几何封闭的方法，保持凸轮和从动件始终接触，结构复杂。

因此，方案 Ⅵ 不适合用于冲击载荷和行程都较大的刨床机构。

从以上 6 个方案的比较中可知，采用方案 Ⅰ 较为理想。

4.1.3　确定牛头刨床机械系统运动方案总简图

图 4-8 所示为采用了方案 Ⅰ 的牛头刨床机械系统运动方案总简图。其主切削运动为：电动机→带＋两对齿轮做减速传动→主轴曲柄 2 绕 O_2 点转动→驱动摆动导杆机构→构件 4 绕 O_4 点往复摆动（有急回）→带 1 个滑块的 Ⅱ 杆组产生往复直线运动。

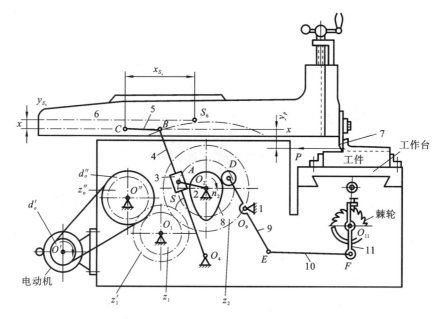

图 4-8　牛头刨床主传动系统运动方案总简图

进给运动为：凸轮 2→摆杆 9 绕 O_9 点往复摆动→铰链 Ⅱ 杆组→棘轮作单向间歇转动→驱动工作台进给。其系统运动循环如图 4-9 所示。

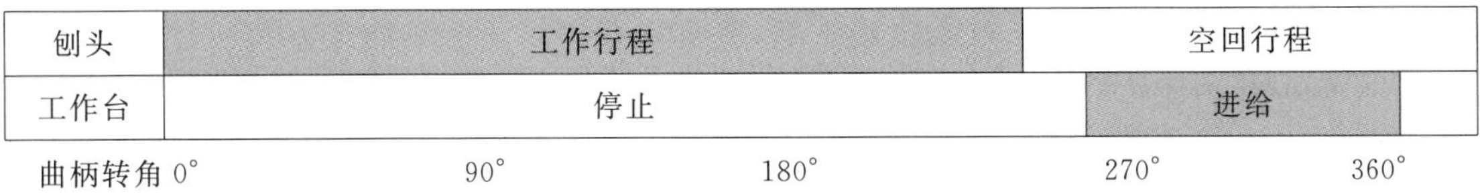

刨头	工作行程		空回行程
工作台	停止		进给
曲柄转角 0°	90°	180°	270°　　　　360°

图 4-9　牛头刨床运动循环图

牛头刨床机械传动系统设计内容大体应包括:初选电动机、计算总传动比和分配各级传动比、带传动设计、齿轮机构设计、连杆机构运动和动态静力分析与设计、凸轮机构设计、棘轮机构设计、飞轮转动惯量确定等。以上设计内容以连杆机构运动及动态静力分析与设计和飞轮转动惯量的确定较为麻烦,在 4.2 节将结合实例作重点介绍。

4.2　牛头刨床的主传动机构分析与设计

4.2.1　设计题目

机构简介、详细的设计任务和要求见第 9.9 节(牛头刨床机构)。

1. 设计数据

设计数据如表 4-2 所示。

表 4-2　设计数据

内容	导杆机构的运动分析							导杆机构的动态静力分析				
参数	n_2	$l_{O_2O_4}$	l_{O_2A}	l_{O_4B}	l_{BC}	$l_{O_4S_4}$	x_{S_6}	y_{S_6}	G_4	G_6	F_r	y_F	J_{S_4}
单位	r/min	mm							N			mm	kg·m²
数值	65	350	90	580	$0.3\,l_{O_4B}$	$0.5\,l_{O_4B}$	200	50	880	800	1 000	80	1.2

2. 设计内容

(1) 导杆机构的运动分析。

(2) 导杆机构的动态静力分析。

(3) 飞轮设计。

3. 设计要求

(1) 作机构的运动简图,并用图解法作机构指定位置的速度、加速度多边形及刨头的运动线图。

(2) 用图解法求指定位置的各运动副反力、曲柄上所需的平衡力矩及平衡力矩线图。

(3) 用简易方法确定安装在 O_2 上的飞轮转动惯量,机械的速度不均匀系数许用值 $[d]=0.05$,其他构件的转动惯量可忽略不计(等效力矩图和能量指示图画在坐标纸上)。

(4) 编写设计说明书一份。

4.2.2　计算机构基本参数并绘制机构运动简图

由已知条件经计算得机构的基本参数如下。

杆长 $L_{BC}=174$ mm,推程起始角为 194.900 6°,推程结束角为 345.099 4°(x 轴正向为 0°,逆时针方向为正),推程角为 209.801 2°,行程速比系数 $K=1.396\ 8$,导路到 O_4 的距离为

570.248 3 mm（导路取在摆杆 B 点轨迹中部，使滑块获得较小的平均压力角）；滑块行程为 298.286 mm，最小传动角为 87.787°。

绘制指定分析位置（见图 4-10(a) 中的 O_2AO_4BC）和推程起始位置的机构运动简图。

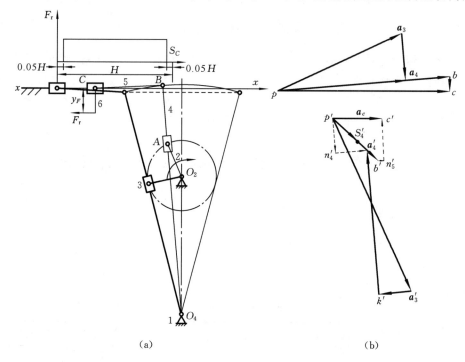

(a)   (b)

图 4-10 机构运动简图及运动分析

4.2.3 运动分析

1. 速度分析

由运动已知的曲柄上 $A(A_2, A_3)$ 点开始，列两构件重合点 (A_3, A_4) 间速度矢量方程，求构件 4 上 A 点的速度 v_{A_4}。

速度矢量方程为

$$v_{A_4} = v_{A_3} + v_{A_4A_3}$$

大小	?	√	?
方向	$\perp O_4A$	$\perp O_2A$	$// O_4A$

$$v_{A_2} = v_{A_3} = \omega_2 l_{O_2A} = \frac{2\pi n_2}{60} l_{O_2A} = \frac{2 \times \pi \times 65}{60} \times 0.09 \text{ m/s} = 0.61 \text{ m/s}$$

取极点 p，按比例尺 $\mu_v = 0.005$ (m/s)/mm 作速度图（与机构简图绘在同一图样上）如图 4-10(b) 所示，并求出构件 4(3) 的角速度 ω_4 和构件 4 上 B 点的速度 v_B，以及构件 4 与构件 3 上重合点 A 的相对速度 $v_{A_4A_3}$。

$$v_{A_4} = \mu_v \overline{pa_4} = 0.005 \times 114.73 \text{ m/s} = 0.57 \text{ m/s}$$

$$\omega_4 = \frac{v_{A_4}}{l_{O_4A}} = -\frac{0.57}{0.433\,29} \text{ rad/s} = -1.316 \text{ rad/s}, \quad 且 \quad \omega_3 = \omega_4 （顺时针方向）$$

$$v_B = \omega_4 l_{O_4B} = 1.316 \times 0.58 \text{ m/s} = 0.76 \text{ m/s}$$

$$v_{A_4 A_3} = \mu_v \overline{a_4 a_3} = 0.005 \times 41.49 \text{ m/s} = 0.207\ 45 \text{ m/s}$$

对构件 5 上 B、C 点，列同一构件上两点间的速度矢量方程，有

v_C	$=$	v_B	$+$	v_{CB}
大小	?		$\checkmark$	?
方向	$//xx$		$\checkmark$	$\perp BC$

$$v_C = \mu_v \overline{pc} = 0.005 \times 153.99 \text{ m/s} = 0.77 \text{ m/s}$$

$$\omega_5 = \frac{v_{CB}}{l_{BC}} = \frac{0.005 \times 13.30}{0.174} \text{ rad/s} = 0.382 \text{ rad/s（逆时针方向）}$$

2. 加速度分析

由运动已知的曲柄上 $A(A_2, A_3)$ 点开始，列两构件重合点 (A_3, A_4) 间加速度矢量方程，求构件 4 上 A 点的加速度 a_{A_4}。

加速度矢量方程为

$\boldsymbol{a}_{A_4}$	$=$	$\boldsymbol{a}_{A_4}^n$	$+$	$\boldsymbol{a}_{A_4}^t$	$=$	$\boldsymbol{a}_{A_3}$	$+$	$\boldsymbol{a}_{A_4 A_3}^k$	$+$	$\boldsymbol{a}_{A_4 A_3}^r$
大小		$\checkmark$		?		$\checkmark$		$\checkmark$		?
方向		$A \rightarrow O_4$		$\perp O_4 A$		$A \rightarrow O_2$		$\perp O_4 A$		$// O_4 A$

$$a_{A_2} = a_{A_3} = a_{A_2}^n = \omega_2^2 l_{O_2 A} = \left(\frac{2\pi n_2}{60}\right)^2 \times l_{O_2 A}$$

$$= \left(\frac{2 \times \pi \times 65}{60}\right)^2 \times 0.09 \text{ m/s}^2 = 4.17 \text{ m/s}^2$$

$$a_{A_4}^n = \omega_4^2 l_{O_4 A} = 1.316^2 \times 0.433\ 29 \text{ m/s}^2 = 0.75 \text{ m/s}^2$$

$$a_{A_4 A_3}^k = 2\omega_3 v_{A_4 A_3} = 2 \times 1.316 \times 0.005 \times 41.49 \text{ m/s}^2 = 0.55 \text{ m/s}^2$$

$$a_{CB}^n = \omega_5^2 l_{CB} = 0.382^2 \times 0.174 \text{ m/s}^2 = 0.025\ 4 \text{ m/s}^2$$

取极点 p'，按比例尺 $\mu_a = 0.01 (\text{m/s}^2)/\text{mm}$ 作加速度图（与机构简图和速度分析矢量图绘在同一图样上），如图 4-10(b) 所示，用映像原理求得构件 4 上 B 点和质心 S_4 点的加速度 a_B 和 a_{S_4}，用构件 4 上 A 点的切向加速度 $a_{A_4}^t$ 求构件 4 的角加速度 α_4。

$$a_{A_4} = \mu_a \overline{p'a_4'} = 0.01 \times 102.73 \text{ m/s}^2 = 1.03 \text{ m/s}^2$$

$$a_B = \mu_a \overline{pb'} = 1.38 \text{ m/s}^2$$

$$a_{S_4} = 0.5 a_B = 0.5 \times 1.38 \text{ m/s}^2 = 0.69 \text{ m/s}^2$$

$$\alpha_4 = \frac{a_{A_4}^t}{l_{O_4 A}} = -\frac{0.01 \times 69.12}{0.433\ 29} \text{ rad/s}^2 = -1.60 \text{ rad/s}^2 \text{（顺时针方向）}$$

构件 5 上两点 BC 间加速度矢量方程为

$\boldsymbol{a}_C$	$=$	$\boldsymbol{a}_B$	$+$	$\boldsymbol{a}_{CB}^n$	$+$	$\boldsymbol{a}_{CB}^t$
大小	?		$\checkmark$		$\checkmark$		?
方向	$//xx$		$\checkmark$		$C \rightarrow B$		$\perp BC$

$$a_C = \mu_a \overline{p'c'} = 0.01 \times 109.83 \text{ m/s}^2 = 1.098 \text{ m/s}^2$$

$$\alpha_5 = \frac{a_{CB}^t}{l_{BC}} = -\frac{0.01 \times 93.05}{0.174} \text{ rad/s}^2 = -5.348 \text{ rad/s}^2 \quad \text{（顺时针方向）}$$

3. 整理汇总运动分析结果

运动分析结果列于表 4-3 中。

表 4-3　运动分析结果

角速度/(rad/s)		角加速度/(rad/s²)		速度/(m/s)		加速度/(m/s²)		
$\omega_3(\omega_4)$	ω_5	$\alpha_3(\alpha_4)$	α_5	v_B	v_C	a_{S_4}	a_B	a_C
−1.316	0.382	−1.60	−5.348	0.76	0.77	0.69	1.38	1.098

4.2.4　动态静力分析

首先依据运动分析结果,计算构件 4 的惯性力 F_{I4}（与 a_{S_4} 反向）、构件 4 的惯性力矩 M_{I4}（与 α_4 反向）、构件 4 的惯性力平移距离 l_{h4}（方位:右上）、构件 6 的惯性力矩 F_{I6}（与 a_C 反向）。

$$F_{I4}=m_4 a_{S_4}=\frac{G_4}{g}a_{S_4}=\frac{880}{9.81}\times0.69 \text{ N}=61.90 \text{ N}$$

$$M_{I4}=\alpha_4 J_{S_4}=1.60\times1.2 \text{ N}\cdot\text{m}=1.92 \text{ N}\cdot\text{m}　（逆时针方向）$$

$$l_{h4}=\frac{M_{I4}}{F_{I4}}=\frac{1.92}{61.90}=0.031 \text{ m}=31 \text{ mm},F'_{I4}=F_{I4}$$

$$F_{I6}=m_6 a_{S_6}=\frac{G_6}{g}a_{S_6}=\frac{800}{9.81}\times1.098 \text{ N}=89.541 \text{ N}$$

1. 取构件 5、6 基本杆组为示力体（见图 4-11）

因构件 5 为二力杆,只对构件 6 进行受力分析即可,首先列力平衡方程,有

$$F_{R65}=-F_{R56},\quad F_{R65}=-F_{R45}$$

由 $\sum F=0$,有　　　　　　$F_{R16}+F_r+F_{I6}+G_6+F_{R56}=0$

大小	?	√	√	√	?
方向	⊥xx	//xx	//xx	⊥xx	//BC

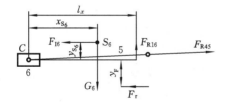 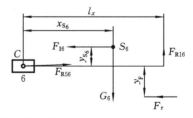

图 4-11　构件 5、6 的受力分析

按比例尺 $\mu_F=10$ N/mm 作力多边形,如图 4-12 所示,求出运动副反力 F_{R16} 和 F_{R56}。

$$F_{R16}=10\times75.27 \text{ N}=752.7 \text{ N}$$

$$F_{R56}=10\times109.06 \text{ N}=1\,090.6 \text{ N}$$

对 C 点列力矩平衡方程,求反力 F_{R16} 作用点到 C 点的距离 l_x:

由 $\sum M_C=0$,有　　　　$F_{R16}l_x+F_{I6}y_{S_6}-F_r y_F-G_6 x_{S_6}=0$

$$l_x=\frac{1\,000\times80+800\times200-89.541\times50}{752.7} \text{ mm}=312.904 \text{ mm}$$

2. 取构件 3、4 基本杆组为示力体

如图 4-13 所示,对构件 4 进行受力分析,求反力 F_{R34}。构件 3 为二力构件,反力 F_{R34} 过铰链 A 点且垂直于构件 4。取构件 4 对 O_4 点列力矩平衡方程（构件 5 也是二力杆,反力 F_{R54} 的大小和方向为已知）。

$$F_{R54}=-F_{R45},\quad F_{R34}=-F_{R43}$$

由 $\sum M_{O_4} = 0$，有 $\quad F_{R54}l_{h1} + F_{I4}l_{h2} + G_4 l_{h3} - F_{R34}l_{O_4 A} = 0$

$$F_{R34} = \frac{1\,090.6 \times 579.43 + 61.90 \times 226.13 + 880 \times 25.99}{433.99}\,\text{N} = 1\,541.04\,\text{N}$$

再对构件 4 列力平衡方程，按比例尺 $\mu_F = 10\,\text{N/mm}$ 作力多边形，如图 4-12 所示，求出机架对构件 4 的反力 F_{R14}。

由 $\sum F = 0$，有 $\quad F_{R54} + G_4 + F_{I4} + F_{R34} + F_{R14} = 0$

大小	$\checkmark$	$\checkmark$	$\checkmark$	$\checkmark$	?
方向	$//BC$	$\perp xx$	$\checkmark$	$\perp O_4 A$	?

得 $\quad\quad\quad\quad\quad\quad\quad\quad\quad\quad F_{R14} = 844.4\,\text{N}$

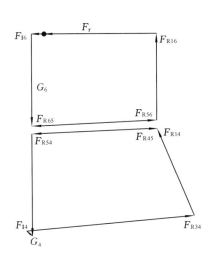

图 4-12 力分析多边形

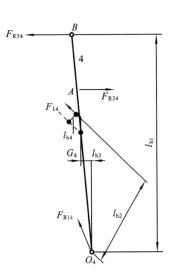

图 4-13 构件 4 的受力分析

3. 取构件 2 为示力体

如图 4-14 所示，有 $\quad F_{R34} = -F_{R43}, \quad F_{R43} = -F_{R23}$

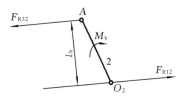

图 4-14 构件 2 的受力分析

由 $\sum F = 0$，有

$$F_{R32} + F_{R12} = 0, \quad F_{R12} = 1\,541.04\,\text{N}$$

由 $\sum M_{O_2} = 0$，有

$$F_{R32}l_h - M_b = 0$$

$$M_b = \frac{1\,541.04 \times 84.63}{1\,000}\,\text{N} \cdot \text{m} = 130.42\,\text{N} \cdot \text{m}$$

4. 动态静力分析结果

整理汇总动态静力分析结果如表 4-4 所示（单位：力 N；力矩 N·m；偏距 mm）。

表 4-4 动态静力分析结果

项目	F_{R16}（到 C 点偏距）	F_{R56}	F_{R34}（到质心偏距）	F_{R14}	F_{R12}	平衡力矩 M_b
数值	752.7(313.9)	1 090.6	1 541.04(143.3)	844.4	1 541.04	130.42

用图解法作机构运动和动态静力分析的图例如图 4-15 所示。

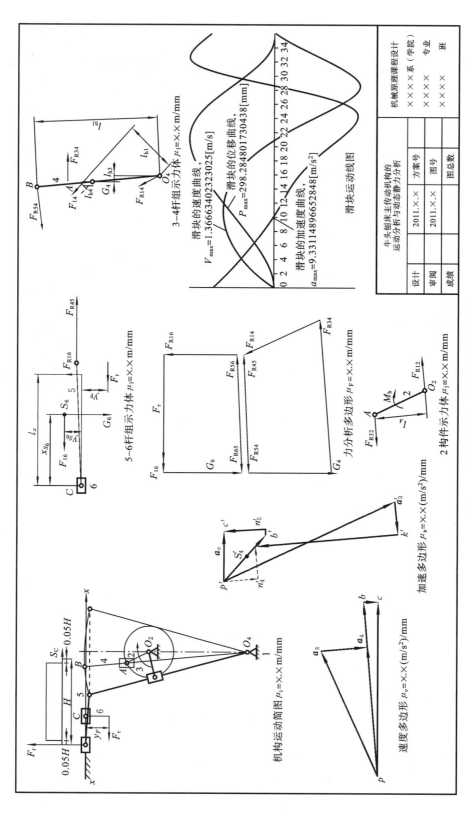

图 4-15 机构运动和动态静力分析图例

4.2.5　飞轮设计

1. 确定最大盈亏 $\Delta W_{\max}$

（1）将各点的平衡力矩（即等效阻力矩）画在坐标纸上，平衡力矩所做的功可通过其曲线与横坐标轴之间所夹面积之和求得，如图 4-16 所示。依据在一个工作周期内，曲柄驱动力矩（设为常数）所做的功等于阻力矩所做的功，即可求得驱动力矩（常数）。图中水平坐标轴为曲柄转角，一个周期为 2π，将一个周期分为 36 等份；纵坐标轴为力矩。

$$M_{\mathrm{d}} = \frac{\sum \Delta W_i}{2\pi} = 42.714 \text{ N·m}$$

式中：$\sum \Delta W_i$ 为平衡力矩在一个运动周期内所做功之和。

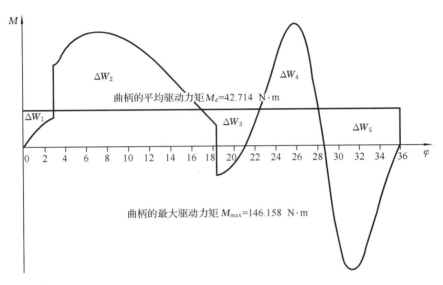

图 4-16　曲柄力矩曲线

（2）根据盈亏功的原理，求各盈亏功值，并作能量指示图。

以曲柄的平均驱动力矩为分界线，求出各区段盈亏功值如下：

$$\Delta W_1 = 10.2 \text{ N·m}, \quad \Delta W_2 = -154.757 \text{ N·m}$$
$$\Delta W_3 = 38.716 \text{ N·m},$$
$$\Delta W_4 = -63.3 \text{ N·m}, \quad \Delta W_5 = 166.5 \text{ N·m}$$

作能量指示图，如图 4-17 所示，求得系统最大盈亏功值为

$$\Delta W_{\max} = 176.7 \text{ N·m}$$

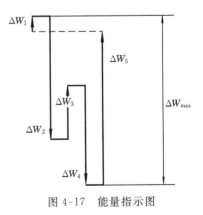

图 4-17　能量指示图

2. 计算飞轮的转动惯量

$$J_{\mathrm{F}} \geqslant \frac{900 \Delta W_{\max}}{\pi^2 n^2 [\delta]} = 76.352 \text{ N·m}^2$$

3. 飞轮结构设计（略）

第5章　机构运动和动态静力分析解析法

5.1　概　　述

机构的运动分析是按给定机构的尺寸、原动件的位置和运动规律,求解机构中其余构件上特定点的位移、速度和加速度,以及各构件的对应位置、角位移、角速度和角加速度。通过机构的运动分析可以确定机器的轮廓,判定机构的运动特性是否符合设计要求,同时也是进行机构力分析的基础。

机构的动态静力分析则是在运动分析的基础上,考虑惯性力和惯性力矩等因素,求解各运动副中的反力及需施加于机构上的平衡力或平衡力矩。力分析还能够确定机器工作时所需的驱动功率,并为构件的承载能力计算和轴承选择等提供基本数据。机器运动时,机构中各个构件都要受到力的作用,分析并确定这些力的大小和性质,可以对机器的工作性能作出评价和鉴定,设计新机器时,这些力是零件、构件、部件等强度计算和结构设计的重要依据。

5.2　用杆组法进行机构的运动分析

解析法进行机构的运动分析的方法可分为两类。一类方法是针对具体机构推导出所需要的计算公式,然后编制程序进行运算。如教材中介绍的封闭矢量多边形法、复数矢量法、矩阵法,均是先建立机构位置的矢量方程式,然后将其对时间求一阶和二阶导数,即可得到相应的速度和加速度方程式。这些方法的思路和步骤基本相似,只是所用的数学工具不同,此类方法对一些常用简单机构的运动分析是十分方便的。另一类是连杆机构运动分析时更常用的方法,即按杆组编制子程序,使用时可根据机构的组成形式编制相应的主程序调用,形成一个完整的机构运动分析系统,这种方法具有广泛的通用性。

本节主要介绍用杆组法原理建立运动分析的基本方程,针对常用的Ⅱ级组,进行了位移、速度和加速度分析,导出了相应的方程式。读者在阅读这部分内容时,可以参阅第8章提供的VB子程序和主程序范例。

5.2.1　刚体的运动分析及子程序

已知刚体上一点 N_1 的位置 $\boldsymbol{p}_1(p_{1x}, p_{1y})$、速度 $\dot{\boldsymbol{p}}_1(\dot{p}_{1x}, \dot{p}_{1y})$ 和加速度 $\ddot{\boldsymbol{p}}_1(\ddot{p}_{1x}, \ddot{p}_{1y})$;尺寸参数 r、s、ϕ;刚体的角位移 θ(以 x 轴为起始线,逆时针为正)、角速度 $\dot{\theta}$ 和角加速度 $\ddot{\theta}$。求刚体上另一点 N_3 的运动 $(\boldsymbol{p}_3$、$\dot{\boldsymbol{p}}_3$、$\ddot{\boldsymbol{p}}_3)$。

由图 5-1 可得 N_3 点的位置矢量方程为

$$\boldsymbol{p}_3 = \boldsymbol{p}_1 + \boldsymbol{s} \tag{5-1}$$

将式(5-1)展开,可得分量为

$$p_{3x} = p_{1x} + s\cos(\phi + \theta)$$
$$p_{3y} = p_{1y} + s\sin(\phi + \theta)$$

将式(5-1)对时间 t 求导,即得 N_3 点的速度矢量方程为

$$\dot{\boldsymbol{p}}_3 = \dot{\boldsymbol{p}}_1 + \dot{\boldsymbol{s}} = \dot{\boldsymbol{p}}_1 + \dot{s}s^0 + \dot{\boldsymbol{\theta}} \times \boldsymbol{s}$$

由于 s 长度不变,即 $\dot{s}=0$,则

$$\dot{\boldsymbol{p}}_3 = \dot{\boldsymbol{p}}_1 + \dot{\boldsymbol{\theta}} \times \boldsymbol{s} \qquad (5\text{-}2)$$

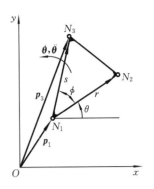

图 5-1　刚体上某一点的运动分析

将式(5-2)展开,有

$$\begin{aligned}
\dot{\boldsymbol{p}}_3 &= \dot{\boldsymbol{p}}_1 + \dot{\boldsymbol{\theta}} \times [(p_{3x}-p_{1x})\boldsymbol{i} + (p_{3y}-p_{1x})\boldsymbol{j}] \\
&= \dot{\boldsymbol{p}}_1 + \dot{\theta}(p_{3x}-p_{1x})\boldsymbol{j} - \dot{\theta}(p_{3y}-p_{1x})\boldsymbol{i} \\
&= \dot{\boldsymbol{p}}_1 + \dot{\theta}s_x\boldsymbol{j} - \dot{\theta}s_y\boldsymbol{i}
\end{aligned}$$

将该式展开,可得分量为

$$\dot{p}_{3x} = \dot{p}_{1x} - \dot{\theta}s_y$$

$$\dot{p}_{3y} = \dot{p}_{1y} + \dot{\theta}s_x$$

同样,将式(5-2)对时间 t 求导,即得 N_3 点的加速度矢量方程为

$$\ddot{\boldsymbol{p}}_3 = \ddot{\boldsymbol{p}}_1 + \ddot{\boldsymbol{\theta}} \times \boldsymbol{s} + \dot{\boldsymbol{\theta}} \times (\dot{\boldsymbol{\theta}} \times \boldsymbol{s}) = \ddot{\boldsymbol{p}}_1 + \ddot{\boldsymbol{\theta}} \times \boldsymbol{s} - \dot{\theta}^2\boldsymbol{s}$$

将该式展开,可得分量为

$$\ddot{p}_{3x} = \ddot{p}_{1x} - \ddot{\theta}s_y - \dot{\theta}^2 s_x$$

$$\ddot{p}_{3y} = \ddot{p}_{1y} + \ddot{\theta}s_x - \dot{\theta}^2 s_y$$

　　将以上求 N_3 点的位置、速度、加速度的公式分别写成子程序形式,子程序的名称为 sub motion( )、sub vel( )、sub acc( ),公式中所用的各符号与子程序中所用的标志符对照见第 8 章。

　　当 N_1 点固定时,则刚体即为给定运动的曲柄(见图 5-2),此时 $\dot{\boldsymbol{p}}_1 = \ddot{\boldsymbol{p}}_1 = 0$。当已知 $\boldsymbol{r}$、$\boldsymbol{\theta}$、$\dot{\boldsymbol{\theta}}$、$\ddot{\boldsymbol{\theta}}$ 时,可求得 N_2 点的运动。

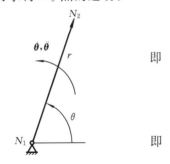

图 5-2　曲柄上某一点的运动分析

N_2 点的位置矢量方程为

$$\boldsymbol{p}_2 = \boldsymbol{p}_1 + \boldsymbol{r} \qquad (5\text{-}3)$$

即

$$p_{2x} = p_{1x} + r\cos\theta = p_{1x} + r_x$$

$$p_{2y} = p_{1y} + r\sin\theta = p_{1y} + r_y$$

N_2 点的速度矢量方程为

$$\dot{\boldsymbol{p}}_2 = \dot{\boldsymbol{r}} = \dot{\boldsymbol{\theta}} \times \boldsymbol{r} \qquad (5\text{-}4)$$

即

$$\dot{p}_{2x} = -\dot{\theta}r_y$$

$$\dot{p}_{2y} = -\dot{\theta}r_x$$

N_2 点的加速度矢量方程为

$$\ddot{\boldsymbol{p}}_2 = \ddot{\boldsymbol{r}} = \ddot{\boldsymbol{\theta}} \times \boldsymbol{r} - \dot{\theta}^2\boldsymbol{r} \qquad (5\text{-}5)$$

即

$$\ddot{p}_{2x} = -\ddot{\theta}r_y - \dot{\theta}^2 r_x$$

$$\ddot{p}_{2y} = -\ddot{\theta}r_x - \dot{\theta}^2 r_y$$

　　将以上求曲柄 N_2 点的运动公式编写成子程序 sub crank2( ),公式中所用的各符号与子程序中所用的标志符对照见第 8 章。

5.2.2　几种 Ⅱ 级组的运动分析及子程序

1) 两连杆 Ⅱ 级组

已知:N_1 和 N_2 点的运动($\boldsymbol{p}_1$、$\dot{\boldsymbol{p}}_1$、$\ddot{\boldsymbol{p}}_1$ 和 $\boldsymbol{p}_2$、$\dot{\boldsymbol{p}}_2$、$\ddot{\boldsymbol{p}}_2$),构件长度 r_1、r_2。

求:N_3 点的运动($\boldsymbol{p}_3$、$\dot{\boldsymbol{p}}_3$、$\ddot{\boldsymbol{p}}_3$),构件的角速度 $\dot{\boldsymbol{\theta}}_1$、$\dot{\boldsymbol{\theta}}_2$ 和角加速度 $\ddot{\boldsymbol{\theta}}_1$、$\ddot{\boldsymbol{\theta}}_2$。

（1）位置分析。

如图 5-3 所示，N_1 与 N_2 的距离为

$$d = \sqrt{(p_{2x} - p_{1x})^2 + (p_{2y} - p_{1y})^2} \tag{5-6}$$

若 $d > (r_1 + r_2)$ 或 $d < |r_1 - r_2|$，则杆组不能装配。

d 与 x 轴间的夹角为

$$\phi = \arctan \frac{p_{2y} - p_{1y}}{p_{2x} - p_{1x}} \tag{5-7}$$

r_1 与 d 之间的夹角为

$$\alpha = \arccos \frac{r_1^2 + d^2 - r_2^2}{2r_1 d} \tag{5-8}$$

而且

$$\theta_1 = \phi \pm \alpha \tag{5-9}$$

式（5-9）α 前的正负号取决于杆组起始位置的安装形式，如图 5-3 中的实线（构成 $N_1 N_3 N_2$）所示时，取正号；如图 5-3 中的虚线（构成 $N_1 N'_3 N_2$）所示时，取负号。

N_3 点的位置为

$$\left. \begin{array}{l} p_{3x} = p_{1x} + r_1 \cos\theta_1 \\ p_{3y} = p_{1y} + r_1 \sin\theta_1 \end{array} \right\} \tag{5-10}$$

$$\theta_2 = \arctan \frac{p_{3y} - p_{1y}}{p_{3x} - p_{1x}} \tag{5-11}$$

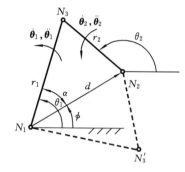

图 5-3 两连杆 II 级组运动分析

将以上位置分析公式编写成子程序 sub pdyad( )，见本书第 8 章。程序中参数 M 的值由式（5-9）中 α 前的正负号确定：若 α 取正号，则使 M=+1；若 α 取负号，则使 M=−1。

（2）速度分析。

N_3 点的速度矢量方程为

$$\boldsymbol{p}_3 = \boldsymbol{p}_1 + \dot{\boldsymbol{\theta}}_1 \times (\boldsymbol{p}_3 - \boldsymbol{p}_1) = \boldsymbol{p}_2 + \dot{\boldsymbol{\theta}}_2 \times (\boldsymbol{p}_3 - \boldsymbol{p}_2) \tag{5-12}$$

将各矢量用它们的分量表示，展开整理后可得

$$\dot{\theta}_1 = -\frac{(\dot{p}_{2x} - \dot{p}_{1x})(p_{3x} - p_{2x}) + (\dot{p}_{2y} - \dot{p}_{1y})(p_{3y} - p_{2y})}{(p_{3y} - p_{1y})(p_{3x} - p_{2x}) - (p_{3y} - p_{2y})(p_{3x} - p_{1x})} \tag{5-13}$$

$$\dot{\theta}_2 = -\frac{(\dot{p}_{2x} - \dot{p}_{1x})(p_{3x} - p_{1x}) + (\dot{p}_{2y} - \dot{p}_{1y})(p_{3y} - p_{1y})}{(p_{3y} - p_{1y})(p_{3x} - p_{2x}) - (p_{3y} - p_{2y})(p_{3x} - p_{1x})} \tag{5-14}$$

由式（5-12）得 N_3 点的速度分量为

$$\left. \begin{array}{l} \dot{p}_{3x} = \dot{p}_{1x} - \dot{\theta}_1 (p_{3y} - p_{1y}) \\ \dot{p}_{3y} = \dot{p}_{1y} + \dot{\theta}_1 (p_{3x} - p_{1x}) \end{array} \right\} \tag{5-15}$$

（3）加速度分析。

将式（5-12）对时间 t 求导后，可得 N_3 点的加速度矢量方程为

$$\begin{aligned} \ddot{\boldsymbol{p}}_3 &= \ddot{\boldsymbol{p}}_1 + \ddot{\boldsymbol{\theta}}_1 \times (\boldsymbol{p}_3 - \boldsymbol{p}_1) + \dot{\boldsymbol{\theta}}_1 \times [\dot{\boldsymbol{\theta}}_1 \times (\boldsymbol{p}_3 - \boldsymbol{p}_1)] \\ &= \ddot{\boldsymbol{p}}_2 + \ddot{\boldsymbol{\theta}}_2 \times (\boldsymbol{p}_3 - \boldsymbol{p}_2) + \dot{\boldsymbol{\theta}}_2 \times [\dot{\boldsymbol{\theta}}_2 \times (\boldsymbol{p}_3 - \boldsymbol{p}_2)] \end{aligned} \tag{5-16}$$

同样，将各矢量用它们的分量表示，展开并整理后可得

$$\ddot{\theta}_1 = -\frac{E(p_{3x} - p_{2x}) + F(p_{3y} - p_{2y})}{(p_{3y} - p_{1y})(p_{3x} - p_{2x}) - (p_{3y} - p_{2y})(p_{3x} - p_{1x})} \tag{5-17}$$

$$\ddot{\theta}_2 = -\frac{F(p_{3y}-p_{1y})+E(p_{3x}-p_{1x})}{(p_{3y}-p_{1y})(p_{3x}-p_{2x})-(p_{3y}-p_{2y})(p_{3x}-p_{1x})} \tag{5-18}$$

其中：
$$E = (\ddot{p}_{2x}-\ddot{p}_{1x})+\dot{\theta}_1^2(p_{3x}-p_{1x})-\dot{\theta}_2^2(p_{3x}-p_{2x})$$
$$F = (\ddot{p}_{2y}-\ddot{p}_{1y})+\dot{\theta}_1^2(p_{3y}-p_{1y})-\dot{\theta}_2^2(p_{3y}-p_{2y})$$

由式(5-16)得 N_3 点的加速度分量为

$$\left.\begin{aligned}\ddot{p}_{3x} &= \ddot{p}_{1x}-\ddot{\theta}_1(p_{3y}-p_{1y})-\dot{\theta}_1^2(p_{3x}-p_{1x})\\ \ddot{p}_{3y} &= \ddot{p}_{1y}+\ddot{\theta}_1(p_{3x}-p_{1x})-\dot{\theta}_1^2(p_{3y}-p_{1y})\end{aligned}\right\} \tag{5-19}$$

将以上速度和加速度分析公式分别编写成子程序 Sub vdyad( )和 Sub adyad( )，见第 8 章。

2）摆动滑块Ⅱ级组（单摇块组）

如图 5-4 所示，已知：N_1 和 N_2 点及其运动（$\boldsymbol{p}_1$、$\dot{\boldsymbol{p}}_1$、$\ddot{\boldsymbol{p}}_1$ 和 $\boldsymbol{p}_2$、$\dot{\boldsymbol{p}}_2$、$\ddot{\boldsymbol{p}}_2$），构件长度 e、r_3。求：滑块对导杆的相对运动（r_2、$\dot{r}_2$、$\ddot{r}_2$），N_3 点的运动（$\boldsymbol{p}_3$、$\dot{\boldsymbol{p}}_3$、$\ddot{\boldsymbol{p}}_3$），导杆角位移 θ、角速度 $\dot{\theta}$ 和角加速度 $\ddot{\theta}$。

（1）位置分析。

由图 5-4 可知

$$d^2 = e^2+r_2^2 = (p_{2x}-p_{1x})^2+(p_{2y}-p_{1y})^2 \tag{5-20}$$

若 $d^2 < e^2$，则摆动滑块Ⅱ级组不能装配。

由式(5-20)可得

$$r_2 = \sqrt{(p_{2x}-p_{1x})^2+(p_{2y}-p_{1y})^2-e^2}$$

由图 5-4 可求得

$$\alpha = \arctan\left(\frac{e}{r_2}\right)$$

$$\phi = \arctan\left(\frac{p_{2y}-p_{1y}}{p_{2x}-p_{1x}}\right) \tag{5-21}$$

$$\theta = \phi \pm \alpha \tag{5-22}$$

式(5-22)中 α 前的正负号取决于杆组起始位置的安装形式，如图 5-4 中的实线（构成 $N_1N_2N_3$）所示时，取正号；如图 5-4 中的虚线（构成 $N_1N_2N_3'$）所示时，取负号。

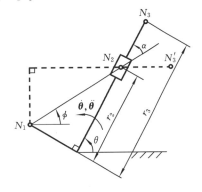

图 5-4　摆动滑块Ⅱ级组运动分析

N_3 点的位置为

$$\left.\begin{aligned}p_{3x} &= p_{1x}+r_3\cos\theta+e\sin\theta = p_{2x}+(r_3-r_2)\cos\theta\\ p_{3y} &= p_{1y}+r_3\sin\theta-e\cos\theta = p_{2y}+(r_3-r_2)\sin\theta\end{aligned}\right\} \tag{5-23}$$

（2）速度分析。

N_2 点的速度矢量方程为

$$\dot{\boldsymbol{p}}_2 = \dot{\boldsymbol{p}}_1+\dot{\boldsymbol{\theta}}\times(\boldsymbol{p}_2-\boldsymbol{p}_1)+\dot{r}_2\boldsymbol{r}_2^0 \tag{5-24}$$

将各矢量用它们的分量表示，展开整理后可得

$$\dot{\theta} = \frac{(\dot{p}_{2y}-\dot{p}_{1y})\cos\theta-(\dot{p}_{2x}-\dot{p}_{1x})\sin\theta}{(p_{2x}-p_{1x})\cos\theta+(p_{2y}-p_{1y})\sin\theta} \tag{5-25}$$

$$\dot{r}_2 = \frac{(\dot{p}_{2y}-\dot{p}_{1y})(p_{2y}-p_{1y})+(\dot{p}_{2x}-\dot{p}_{1x})(p_{2x}-p_{1x})}{(p_{2x}-p_{1x})\cos\theta+(p_{2y}-p_{1y})\sin\theta} \tag{5-26}$$

将式(5-23)对时间 t 求导后，得 N_3 点的速度分量为

$$\left.\begin{array}{l}\dot{p}_{3x}=\dot{p}_{1x}-\dot{\theta}(r_3\sin\theta-e\cos\theta)=\dot{p}_{1x}-\dot{\theta}(p_{3y}-p_{1y})\\[2mm]\dot{p}_{3y}=\dot{p}_{1y}+\dot{\theta}(r_3\cos\theta+e\sin\theta)=\dot{p}_{1y}+\dot{\theta}(p_{3x}-p_{1x})\end{array}\right\}\qquad(5\text{-}27)$$

（3）加速度分析。

将式(5-24)对时间 t 求导后，可得 N_2 点的加速度矢量方程为

$$\ddot{\boldsymbol{p}}_2=\ddot{\boldsymbol{p}}_1+\ddot{\boldsymbol{\theta}}\times(\boldsymbol{p}_2-\boldsymbol{p}_1)+\dot{\boldsymbol{\theta}}\times[\dot{\boldsymbol{\theta}}\times(\boldsymbol{p}_2-\boldsymbol{p}_1)]+\ddot{r}_2\boldsymbol{r}_2^0+2\boldsymbol{\theta}\times\dot{r}\boldsymbol{r}_2^0\qquad(5\text{-}28)$$

将式(5-28)展开并整理后得

$$\ddot{\theta}=-\frac{E\sin\theta-F\cos\theta}{(p_{2x}-p_{1x})\cos\theta+(p_{2y}-p_{1y})\sin\theta}\qquad(5\text{-}29)$$

$$\ddot{r}_2=\frac{E(p_{2x}-p_{1x})+F(p_{2y}-p_{1y})}{(p_{2x}-p_{1x})\cos\theta+(p_{2y}-p_{1y})\sin\theta}\qquad(5\text{-}30)$$

其中：　$E=-\ddot{\theta}(p_{2y}-p_{1y})+\ddot{r}_2\cos\theta=(\ddot{p}_{2x}-\ddot{p}_{1x})+\dot{\theta}^2(p_{2x}-p_{1x})+2\dot{\theta}\dot{r}_2\sin\theta$

$\quad\quad\quad\quad F=\ddot{\theta}(p_{2x}-p_{1x})+\ddot{r}_2\sin\theta=(\ddot{p}_{2y}-\ddot{p}_{1y})+\dot{\theta}^2(p_{2y}-p_{1y})-2\dot{\theta}\dot{r}_2\cos\theta$

（其中：$p_{2x}-p_{1x}=r_2\cos\theta+e\sin\theta,\ p_{2y}-p_{1y}=r_2\sin\theta-e\cos\theta$）

将式(5-27)对时间 t 求导后，可得 N_3 点的加速度分量为

$$\left.\begin{array}{l}\ddot{p}_{3x}=\ddot{p}_{1x}-\ddot{\theta}(r_3\sin\theta-e\cos\theta)-\dot{\theta}^2(r_3\cos\theta+e\sin\theta)\\[2mm]\ddot{p}_{3y}=\ddot{p}_{1y}+\ddot{\theta}(r_3\cos\theta+e\sin\theta)-\dot{\theta}^2(r_3\sin\theta-e\cos\theta)\end{array}\right\}\qquad(5\text{-}31)$$

将以上速度和加速度分析分别编成子程序 sub posc( )、sub vosc( )、sub aosc( )，见第 8 章。子程序中参数 M 的值由式(5-22)中 α 前的正负号确定：若 α 取正号，则使 M＝+1；若 α 取负号，则使 M＝-1。

3）转动导杆Ⅱ级组（单滑块组）

如图 5-5 所示，已知：N_1 和 N_2 点及其运动（$\boldsymbol{p}_1$、$\dot{\boldsymbol{p}}_1$、$\ddot{\boldsymbol{p}}_1$ 和 $\boldsymbol{p}_2$、$\dot{\boldsymbol{p}}_2$、$\ddot{\boldsymbol{p}}_2$），构件 N_1N_3 的长度 r_1，导杆的运动（$\boldsymbol{\beta}$、$\dot{\boldsymbol{\beta}}$、$\ddot{\boldsymbol{\beta}}$）。

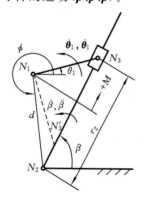

求：N_3 点的运动（$\boldsymbol{p}_3$、$\dot{\boldsymbol{p}}_3$、$\ddot{\boldsymbol{p}}_3$），滑块的相对运动（r_2、$\dot{r}_2$、$\ddot{r}_2$），构件 N_1N_3 的角位移 $\boldsymbol{\theta}_1$、角速度 $\dot{\boldsymbol{\theta}}_1$ 和角加速度 $\ddot{\boldsymbol{\theta}}_1$。

（1）位置分析。

由图 5-5 可知

$$d=\sqrt{(p_{2x}-p_{1x})^2+(p_{2y}-p_{1y})^2}$$

d 与 x 轴间的夹角为

$$\phi=\arctan\left(\frac{p_{2y}-p_{1y}}{p_{2x}-p_{1x}}\right)$$

由

$$\begin{aligned}r_1^2&=(p_{3x}-p_{1x})^2+(p_{3y}-p_{1y})^2\\&=(p_{2x}+r_2\cos\beta-p_{1x})^2+(p_{2y}+r_2\sin\beta-p_{1y})^2\end{aligned}$$

图 5-5　转动导杆Ⅱ级组运动分析

可得到 r_2 的二次方程式

$$r_2^2+r_2[2(p_{2x}-p_{1x})\cos\beta+2(p_{2y}-p_{1y})\sin\beta]+(d^2-r_1^2)=0$$

令　　　　　　　$2(p_{2x}-p_{1x})\cos\beta+2(p_{2y}-p_{1y})\sin\beta=A,\ d^2-r_1^2=B$

则前式可简化为　　　　　　　$r_2^2+r_2A+B=0$

由该方程式得到的两个解为

$$r_2=\left|\frac{-A\pm\sqrt{A^2-4B}}{2}\right|\qquad(5\text{-}32)$$

式(5-32)根号前的正负号取决于杆组的装配形式,如图 5-5 中的实线位置(构成 $N_1 N_3 N_2$)装配时,取正号;若如图 5-5 中的虚线位置(构成 $N_1 N_3' N_2$)所示时,取负号。

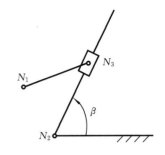

上述转动导杆 II 级组的两种装配形式,实际上只是 $r_1 < d$ 时,以 N_1 为圆心、r_1 为半径作圆与导杆交得 N_3 点的两个可能位置;而若 $r_1 \geqslant d$,则转动导杆 II 级组如图 5-6 所示,这时 N_3 点仅有一个可能位置,而式(5-32)中的根号前应取正号。若 $4B > A^2$,则转动导杆 II 级组不能装配。

图 5-6　转动导杆 II 级组装配形式

由 r_2 可求得 N_3 点的位置为

$$\left.\begin{array}{l} p_{3x} = p_{2x} + r_2 \cos\beta \\ p_{3y} = p_{2y} + r_2 \sin\beta \end{array}\right\} \tag{5-33}$$

所以

$$\theta_1 = \arctan\left(\frac{p_{3y} - p_{1y}}{p_{3x} - p_{1x}}\right) \tag{5-34}$$

(2) 速度分析。

N_3 点的速度矢量方程为

$$\dot{\boldsymbol{p}}_3 = \dot{\boldsymbol{p}}_1 + \dot{\boldsymbol{\theta}}_1 \times (\boldsymbol{p}_3 - \boldsymbol{p}_1) = \dot{\boldsymbol{p}}_2 + \dot{\boldsymbol{\beta}} \times (\boldsymbol{p}_3 - \boldsymbol{p}_2) + \dot{r}_2 \boldsymbol{r}_2^0 \tag{5-35}$$

将各矢量用它们的分量表示,展开整理后可得

$$\dot{\theta}_1 = \frac{-C\sin\beta + D\cos\beta}{(p_{3y} - p_{1y})\sin\beta + (p_{3x} - p_{1x})\cos\beta} \tag{5-36}$$

$$\dot{r}_2 = -\frac{C(p_{3x} - p_{1x}) + D(p_{3y} - p_{1y})}{(p_{3y} - p_{1y})\sin\beta + (p_{3x} - p_{1x})\cos\beta} \tag{5-37}$$

式中:
$$C = -\dot{\theta}_1(p_{3y} - p_{1y}) + \dot{r}_2(-\cos\beta) = (\dot{p}_{2x} - \dot{p}_{1x}) - r_2\dot{\beta}\sin\beta$$
$$D = \dot{\theta}_1(p_{3x} - p_{1x}) + \dot{r}_2(-\sin\beta) = (\dot{p}_{2y} - \dot{p}_{1y}) + r_2\dot{\beta}\cos\beta$$

N_3 点的速度分量为

$$\left.\begin{array}{l} \dot{p}_{3x} = \dot{p}_{1x} - \dot{\theta}_1(p_{3y} - p_{1y}) \\ \dot{p}_{3y} = \dot{p}_{1y} + \dot{\theta}_1(p_{3x} - p_{1x}) \end{array}\right\} \tag{5-38}$$

(3) 加速度分析。

将式(5-38)对时间 t 求导后,可得 N_3 点的加速度矢量方程

$$\begin{aligned} \ddot{\boldsymbol{p}}_3 &= \ddot{\boldsymbol{p}}_1 + \ddot{\boldsymbol{\theta}}_1 \times (\boldsymbol{p}_3 - \boldsymbol{p}_1) + \dot{\boldsymbol{\theta}}_1 \times [\dot{\boldsymbol{\theta}}_1 \times (\boldsymbol{p}_3 - \boldsymbol{p}_1)] \\ &= \ddot{\boldsymbol{p}}_2 + \ddot{\boldsymbol{\beta}} \times (\boldsymbol{p}_3 - \boldsymbol{p}_2) + \dot{\boldsymbol{\beta}} \times [\dot{\boldsymbol{\beta}} \times (\boldsymbol{p}_3 - \boldsymbol{p}_2)] + \ddot{r}_2 \boldsymbol{r}_2^0 + 2\dot{\boldsymbol{\beta}} \times \dot{r}\boldsymbol{r}_2^0 \end{aligned} \tag{5-39}$$

将式(5-39)展开并整理后得

$$\ddot{\theta}_1 = \frac{-E\sin\beta + F\cos\beta}{(p_{3y} - p_{1y})\sin\beta + (p_{3x} - p_{1x})\cos\beta} \tag{5-40}$$

$$\ddot{r}_2 = -\frac{E(p_{3x} - p_{1x}) + F(p_{3y} - p_{1y})}{(p_{3y} - p_{1y})\sin\beta + (p_{3x} - p_{1x})\cos\beta} \tag{5-41}$$

式中:
$$\begin{aligned} E &= -\ddot{\theta}_1(p_{3y} - p_{1y}) + \ddot{r}_2(-\cos\beta) \\ &= (\ddot{p}_{2x} - \ddot{p}_{1x}) + \dot{\theta}_1^2(p_{3x} - p_{1x}) - \dot{\beta}^2(r_2\cos\beta) - 2\dot{\beta}\dot{r}_2\sin\beta - \ddot{\beta}(p_{3y} - p_{2y}) \\ F &= \ddot{\theta}_1(p_{3x} - p_{1x}) + \ddot{r}_2(-\sin\beta) \\ &= (\ddot{p}_{2y} - \ddot{p}_{1y}) + \dot{\theta}_1^2(p_{3y} - p_{1y}) - \dot{\beta}^2(r_2\sin\beta) + 2\dot{\beta}\dot{r}_2\cos\beta + \ddot{\beta}(p_{3x} - p_{2x}) \end{aligned}$$

N_3 点的加速度分量为

$$\left.\begin{array}{l}\ddot{p}_{3x}=\ddot{p}_{1x}-\ddot{\theta}_1(p_{3y}-p_{1y})-\dot{\theta}_1^2(p_{3x}-p_{1x})\\[6pt]\ddot{p}_{3y}=\ddot{p}_{1y}+\ddot{\theta}_1(p_{3x}-p_{1x})-\dot{\theta}_1^2(p_{3y}-p_{1y})\end{array}\right\}\tag{5-42}$$

式中：$p_{3x}-p_{1x}=r_1\cos\theta$；$p_{3y}-p_{1y}=r_1\sin\theta$；$p_{3x}-p_{2x}=r_2\cos\beta$；$p_{3y}-p_{2y}=r_2\sin\beta$。

将以上运动分析公式分别编成子程序 sub pguide( )、sub vguide( )、sub aguide( )，见本书第 8 章。子程序中参数 M 的值由式（5-32）中根号前的正负号确定：若取正号，则使 M＝＋1；若取负号，则使 M＝－1。

4）**移动导杆Ⅱ级组**

如图 5-7 所示，已知：N_1 点及其运动（$\boldsymbol{p}_1$、$\dot{\boldsymbol{p}}_1$、$\ddot{\boldsymbol{p}}_1$），r_1，$\theta=90°$，$\dot{\theta}=\ddot{\theta}=0$。求：$N_3$ 点的运动（$\boldsymbol{p}_3$、$\dot{\boldsymbol{p}}_3$、$\ddot{\boldsymbol{p}}_3$），滑块相对导杆的运动（$\dot{r}_1$、$\ddot{r}_1$）。

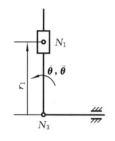

图 5-7　移动导杆Ⅱ级组
　　　　运动分析

（1）位置分析。

N_3 点的位置为

$$\left.\begin{array}{l}p_{3x}=p_{1x}\\[4pt]p_{3y}=p_{1y}-r_1\end{array}\right\}\tag{5-43}$$

（2）速度分析。

N_3 点的速度矢量方程为

$$\dot{\boldsymbol{p}}_3=\dot{\boldsymbol{p}}_1-\dot{r}_1\boldsymbol{r}_1^0$$

则

$$\left.\begin{array}{l}\dot{p}_{3x}=\dot{p}_{1x}\\[4pt]\dot{p}_{3y}=\dot{p}_{1y}-\dot{r}_1=0\end{array}\right\}\tag{5-44}$$

故有

$$\dot{r}_1=\dot{p}_{1y}\tag{5-45}$$

（3）加速度分析。

N_2 点的加速度矢量方程

$$\ddot{\boldsymbol{p}}_3=\ddot{\boldsymbol{p}}_1-\ddot{r}_1\boldsymbol{r}_1^0$$

则

$$\left.\begin{array}{l}\ddot{p}_{3x}=\ddot{p}_{1x}\\[4pt]\ddot{p}_{3y}=\ddot{p}_{1y}-\ddot{r}_1=0\end{array}\right\}\tag{5-46}$$

故有

$$\ddot{r}_1=\ddot{p}_{1y}\tag{5-47}$$

将以上运动分析编成子程序 sub tst( )，见第 8 章。

最后，对于以上子程序需要说明的是：当调用以上子程序进行平面连杆机构运动分析时，最多可以计算机构中 30 个点的运动，若需要计算更多点时，可相应增加数组说明语句中下标的上界。另外，由加速度子程序 sub adyad( )、sub aosc( )、sub aguide( )可知，它们将分别调用各自的速度子程序，而速度子程序又将分别调用各自的位置子程序。所以在主程序调用子程序时，只需直接调用加速度子程序即可，而各点的速度、位置值会自动计算并存储。

5.3　用杆组法进行机构动态静力分析

下面采用矢量矩阵法以杆组为基础，对平面机构常用的四种Ⅱ级杆组进行动态静力分析。其步骤是首先求组成平面机构各杆组中的运动副反力，然后求未知的平衡力或平衡力矩。本书第 8 章用 Visual Basic 编制的全部子程序可供计算时调用，同时有若干示范主程序可供参考。

1. 两连杆Ⅱ级组

此类杆组的受力图如图 5-8 所示。图中各符号的含义如下。

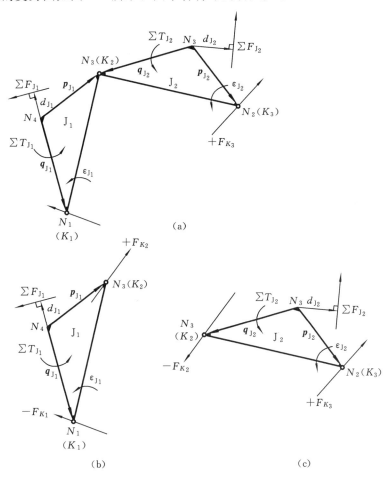

图 5-8 两连杆Ⅱ级组的受力图

J_1、J_2——构件的代号(即件号)。

N_1、N_2、N_3——三个运动副的位置点号。

N_4、N_5——两个构件的质心。

$\sum F_J$—— 作用在构件 J 上已知外力的合力。

d_J—— 质心至力 $\sum F_J$ 的垂直距离。

$\sum T_J$—— 作用在构件 J 上已知外力矩的合力矩。

$\boldsymbol{\varepsilon}_J$——构件 J 的角加速度。

$\boldsymbol{a}$——质心的加速度。

m_J——构件 J 的质量。

I_J——构件 J 的转动惯量。

K_1、K_2、K_3——杆件组中三个运动副的内力点号。

$\boldsymbol{p}_J$、$\boldsymbol{q}_J$——构件质心位置至构件上两运动副的长度矢量。

运动副反力的符号规定为：某构件上与下一构件相连接的运动副处，其反力符号为"＋"；而与前一构件相连接处，运动副的反力符号为"－"。角加速度及力矩均以逆时针方向为正。

上述各种符号的说明适用于本节其他杆组的符号表示，以后不再说明。按照图 5-8(b)，写出的构件 J_1 的力和力矩平衡方程为

$$-\boldsymbol{F}_{K_1} + \boldsymbol{F}_{K_2} = m_{J_1}\boldsymbol{a}_{N_4} - \sum\boldsymbol{F}_{J_1}$$

$$\boldsymbol{p}_{J_1} \times \boldsymbol{F}_{K_2} - \boldsymbol{q}_{J_1} \times \boldsymbol{F}_{K_1} = I_{J_1}\boldsymbol{\varepsilon}_{J_1} - \boldsymbol{d}_{J_1} \times \sum\boldsymbol{F}_{J_1} - \sum\boldsymbol{T}_{J_1}$$

同样，写出的构件 J_2 的力和力矩平衡方程为

$$-\boldsymbol{F}_{K_2} + \boldsymbol{F}_{K_3} = m_{J_2}\boldsymbol{a}_{N_5} - \sum\boldsymbol{F}_{J_2}$$

$$\boldsymbol{p}_{J_2} \times \boldsymbol{F}_{K_3} - \boldsymbol{q}_{J_2} \times \boldsymbol{F}_{K_2} = I_{J_2}\boldsymbol{\varepsilon}_{J_2} - \boldsymbol{d}_{J_2} \times \sum\boldsymbol{F}_{J_2} - \sum\boldsymbol{T}_{J_2}$$

将上面的方程写成 x、y 坐标的分量表达式，可得到

$$-\boldsymbol{F}_{K_1 x} + \boldsymbol{F}_{K_2 x} = m_{J_1}\boldsymbol{a}_{N_4 x} - \sum\boldsymbol{F}_{J_1 x}$$

$$-\boldsymbol{F}_{K_1 y} + \boldsymbol{F}_{K_2 y} = m_{J_1}\boldsymbol{a}_{N_4 y} - \sum\boldsymbol{F}_{J_1 y}$$

$$-q_{J_1 x}\boldsymbol{F}_{K_1 y} + q_{J_1 y}\boldsymbol{F}_{K_1 x} + p_{J_1 x}\boldsymbol{F}_{K_2 y} - p_{J_1 y}\boldsymbol{F}_{K_2 x} = I_{J_1}\boldsymbol{\varepsilon}_{J_1} - \sum\boldsymbol{T}_{J_1} - \boldsymbol{d}_{J_1} \times \sum\boldsymbol{F}_{J_1}$$

$$-\boldsymbol{F}_{K_2 x} + \boldsymbol{F}_{K_3 x} = m_{J_2}\boldsymbol{a}_{N_5 x} - \sum\boldsymbol{F}_{J_2 x}$$

$$-\boldsymbol{F}_{K_2 y} + \boldsymbol{F}_{K_3 y} = m_{J_2}\boldsymbol{a}_{N_5 y} - \sum\boldsymbol{F}_{J_2 y}$$

$$-q_{J_2 x}\boldsymbol{F}_{K_2 y} + q_{J_2 y}\boldsymbol{F}_{K_2 x} + p_{J_2 x}\boldsymbol{F}_{K_3 y} - p_{J_2 y}\boldsymbol{F}_{K_3 x} = I_{J_2}\boldsymbol{\varepsilon}_{J_2} - \sum\boldsymbol{T}_{J_2} - \boldsymbol{d}_{J_2} \times \sum\boldsymbol{F}_{J_2}$$

上述方程组共含有 6 个未知量 $\boldsymbol{F}_{K_1 x}$、$\boldsymbol{F}_{K_1 y}$、$\boldsymbol{F}_{K_2 x}$、$\boldsymbol{F}_{K_2 y}$、$\boldsymbol{F}_{K_3 x}$、$\boldsymbol{F}_{K_3 y}$，故一般可求得唯一解，写成矩阵形式有

$$\boldsymbol{AX} = \boldsymbol{B}$$

式中：

$$\boldsymbol{A} = \begin{bmatrix} -1 & 0 & 1 & 0 & 0 & 0 \\ 0 & -1 & 0 & 1 & 0 & 0 \\ q_{J_1 y} & -q_{J_1 x} & -p_{J_1 y} & p_{J_1 x} & 0 & 0 \\ 0 & 0 & -1 & 0 & 1 & 0 \\ 0 & 0 & 0 & -1 & 0 & 1 \\ 0 & 0 & q_{J_2 y} & -q_{J_2 x} & -p_{J_2 y} & p_{J_2 x} \end{bmatrix}$$

$$\boldsymbol{X} = \begin{bmatrix} \boldsymbol{F}_{K_1 x} & \boldsymbol{F}_{K_1 y} & \boldsymbol{F}_{K_2 x} & \boldsymbol{F}_{K_2 y} & \boldsymbol{F}_{K_3 x} & \boldsymbol{F}_{K_3 y} \end{bmatrix}^{\mathrm{T}}$$

$$\boldsymbol{B} = \begin{bmatrix} m_{J_1}\boldsymbol{a}_{N_4 x} - \sum\boldsymbol{F}_{J_1 x} \\ m_{J_1}\boldsymbol{a}_{N_4 y} - \sum\boldsymbol{F}_{J_1 y} \\ I_{J_1}\boldsymbol{\varepsilon}_{J_1} - \sum\boldsymbol{T}_{J_1} - \boldsymbol{d}_{J_1} \times \sum\boldsymbol{F}_{J_1} \\ m_{J_2}\boldsymbol{a}_{N_5 x} - \sum\boldsymbol{F}_{J_2 x} \\ m_{J_2}\boldsymbol{a}_{N_5 y} - \sum\boldsymbol{F}_{J_2 y} \\ I_{J_2}\boldsymbol{\varepsilon}_{J_2} - \sum\boldsymbol{T}_{J_2} - \boldsymbol{d}_{J_2} \times \sum\boldsymbol{F}_{J_2} \end{bmatrix}$$

调用标准的解线性方程子程序 sub gs( ) 就可以方便地求得各未知量。

对此类杆组进行动态静力分析的子程序为 sub fdyad( )，其式中的符号与标志符对照见本书第 8 章。

2. 摆动滑块 Ⅱ 级组

图 5-9 所示为摆动滑块 Ⅱ 级组的受力图及分离构件的受力图，图上已知的外力及外力偶均未画出，若要画出，可参考图 5-8 的方式加上，并使合外力对质心的矩为正值。因为杆组的两组成构件采用移动副连接，分析中应注意下列特点：

（1）两构件角速度及角加速度始终相等；

（2）两构件间相对加速度及哥氏加速度处处相等；

（3）在不计摩擦时，两构件间运动副反力与导杆方向垂直，故有

$$F_{K_2 x}\cos\theta + F_{K_2 y}\sin\theta = 0$$

（4）两构件间运动副反力的作用点 C_2 待定。

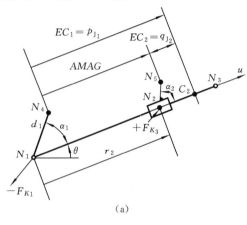

（a）

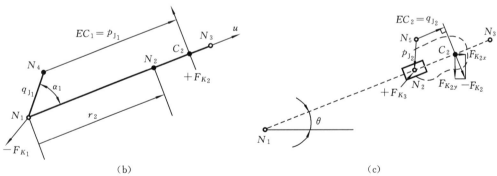

（b）   （c）

图 5-9　摆动滑块 Ⅱ 级组的受力图

根据图 5-9(b)、(c)，写出方程组，有

$$-\boldsymbol{F}_{K_1 x} + \boldsymbol{F}_{K_2 x} = m_{J_1}\boldsymbol{a}_{N_4 x} - \sum\boldsymbol{F}_{J_1 x} \tag{5-48}$$

$$-\boldsymbol{F}_{K_1 y} + \boldsymbol{F}_{K_2 y} = m_{J_1}\boldsymbol{a}_{N_4 y} - \sum\boldsymbol{F}_{J_1 y} \tag{5-49}$$

$$-q_{J_1 x}\boldsymbol{F}_{K_1 y} + q_{J_1 y}\boldsymbol{F}_{K_1 x} + p_{J_1}\boldsymbol{F}_{K_2 y}\cos\theta - p_{J_1}\boldsymbol{F}_{K_2 x}\sin\theta = I_{J_1}\boldsymbol{\varepsilon}_{J_1} - \sum\boldsymbol{T}_{J_1} - \boldsymbol{d}_{J_1} \times \sum\boldsymbol{F}_{J_1} \tag{5-50}$$

$$-\boldsymbol{F}_{K_2 x} + \boldsymbol{F}_{K_3 x} = m_{J_2}\boldsymbol{a}_{N_5 x} - \sum\boldsymbol{F}_{J_2 x} \tag{5-51}$$

$$-\boldsymbol{F}_{K_2 y} + \boldsymbol{F}_{K_3 y} = m_{J_2}\boldsymbol{a}_{N_5 y} - \sum\boldsymbol{F}_{J_2 y} \tag{5-52}$$

$$-q_{J_2}\boldsymbol{F}_{K_2 y}\cos\theta + q_{J_2}\boldsymbol{F}_{K_2 x}\sin\theta + p_{J_2 x}\boldsymbol{F}_{K_3 y} - p_{J_2 y}\boldsymbol{F}_{K_3 x} = I_{J_2}\boldsymbol{\varepsilon}_{J_2} - \sum\boldsymbol{T}_{J_2} - \boldsymbol{d}_{J_2}\times\sum\boldsymbol{F}_{J_2}$$

$$(5\text{-}53)$$

因为两构件 $\varepsilon_{J_1} = \varepsilon_{J_2} = \varepsilon$ 相等，将式(5-50)与式(5-53)合并化简，得

$$-q_{J_1 x}\boldsymbol{F}_{K_1 y} + q_{J_1 y}\boldsymbol{F}_{K_1 x} + AMAG\times\boldsymbol{F}_{K_2 y}\cos\theta - AMAG\times\boldsymbol{F}_{K_2 x}\sin\theta + p_{J_2 x}\boldsymbol{F}_{K_3 x} - p_{J_2 y}\boldsymbol{F}_{K_3 x}$$

$$= (I_{J_1} + I_{J_2})\boldsymbol{\varepsilon} - \sum\boldsymbol{T}_{J_1} - \sum\boldsymbol{T}_{J_2} - \boldsymbol{d}_{J_1}\times\sum\boldsymbol{F}_{J_1} - \boldsymbol{d}_{J_2}\times\sum\boldsymbol{F}_{J_2} \qquad (5\text{-}54)$$

式中：
$$AMAG = |\boldsymbol{p}_{J_1} - \boldsymbol{q}_{J_1}| = r_2 - d_1\cos\alpha_1 + d_2\cos\alpha_2 \qquad (5\text{-}55)$$

以上共有 5 个方程式，为求解 6 个运动副内力，再利用 F_{K_2} 与导路垂直的关系得出

$$F_{K_2 x}\cos\theta + F_{K_2 y}\sin\theta = 0 \qquad (5\text{-}56)$$

联立式(5-49)、式(5-50)、式(5-52)、式(5-53)、式(5-55)、式(5-56)，并写成矩阵的形式有

$$\boldsymbol{AX} = \boldsymbol{B}$$

式中：

$$\boldsymbol{A} = \begin{bmatrix} -1 & 0 & 1 & 0 & 0 & 0 \\ 0 & -1 & 0 & 1 & 0 & 0 \\ q_{J_1 y} & -q_{J_1 x} & -AMAG\sin\theta & AMAG\cos\theta & -p_{J_2 y} & p_{J_2 x} \\ 0 & 0 & -1 & 0 & 1 & 0 \\ 0 & 0 & 0 & -1 & 0 & 1 \\ 0 & 0 & \cos\theta & \sin\theta & 0 & 0 \end{bmatrix}$$

$$\boldsymbol{X} = \begin{bmatrix} \boldsymbol{F}_{K_1 x} & \boldsymbol{F}_{K_1 y} & \boldsymbol{F}_{K_2 x} & \boldsymbol{F}_{K_2 y} & \boldsymbol{F}_{K_3 x} & \boldsymbol{F}_{K_3 y} \end{bmatrix}^{\mathrm{T}}$$

$$\boldsymbol{B} = \begin{bmatrix} m_{J_1}\boldsymbol{a}_{N_4 x} - \sum\boldsymbol{F}_{J_1 x} \\ m_{J_1}\boldsymbol{a}_{N_4 y} - \sum\boldsymbol{F}_{J_1 y} \\ (I_{J_1} + I_{J_2})\boldsymbol{\varepsilon} - \sum\boldsymbol{T}_{J_1} - \sum\boldsymbol{T}_{J_2} - \boldsymbol{d}_{J_1}\times\sum\boldsymbol{F}_{J_1} - \boldsymbol{d}_{J_2}\times\sum\boldsymbol{F}_{J_2} \\ m_{J_2}\boldsymbol{a}_{N_5 x} - \sum\boldsymbol{F}_{J_2 x} \\ m_{J_2}\boldsymbol{a}_{N_5 y} - \sum\boldsymbol{F}_{J_2 y} \\ 0 \end{bmatrix}$$

当运动副反力求得后，由式(5-54)并考虑到 $F_{K_2 y} = F_{K_2}\cos\theta$ 及 $F_{K_2 x} = -F_{K_2}\sin\theta$，就可得出 q_{J_2} 及 C_2 点的位置。

对此类杆组进行动态静力分析的子程序为 sub fosc()。

3. 转动导杆Ⅱ级组

图 5-10 所示为转动导杆Ⅱ级组的受力图及分离构件的受力图，图上的已知外力及外力偶均未画出。

根据图 5-10(b)、图 5-10(c)，写出的方程组为

$$-\boldsymbol{F}_{K_1 x} + \boldsymbol{F}_{K_2 x} = m_{J_1}\boldsymbol{a}_{N_4 x} - \sum\boldsymbol{F}_{J_1 x} \qquad (5\text{-}57)$$

$$-\boldsymbol{F}_{K_1 y} + \boldsymbol{F}_{K_2 y} = m_{J_1}\boldsymbol{a}_{N_4 y} - \sum\boldsymbol{F}_{J_1 y} \qquad (5\text{-}58)$$

$$-q_{J_1 x}\boldsymbol{F}_{K_1 y} + q_{J_1 y}\boldsymbol{F}_{K_1 x} + p_{J_1 x}\boldsymbol{F}_{K_2 y} - p_{J_1 y}\boldsymbol{F}_{K_2 x} = I_{J_1}\boldsymbol{\varepsilon}_{J_1} - \sum\boldsymbol{T}_{J_1} - \boldsymbol{d}_{J_1}\times\sum\boldsymbol{F}_{J_1} \qquad (5\text{-}59)$$

$$-\boldsymbol{F}_{K_2 x} + \boldsymbol{F}_{K_3 x} = m_{J_2}\boldsymbol{a}_{N_5 x} - \sum\boldsymbol{F}_{J_2 x} \qquad (5\text{-}60)$$

$$-\boldsymbol{F}_{K_2 y} + \boldsymbol{F}_{K_3 y} = m_{J_2}\boldsymbol{a}_{N_5 y} - \sum\boldsymbol{F}_{J_2 y} \qquad (5\text{-}61)$$

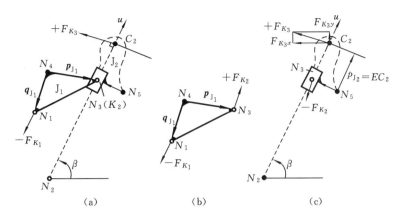

图 5-10　转动导杆 Ⅱ 级组的受力图

因为 F_{K_3} 与导路垂直,故有

$$F_{K_3 x}\cos\beta + F_{K_3 y}\sin\beta = 0 \tag{5-62}$$

此外,由构件 J_2 的外力对质心取矩有

$$-q_{J_2 x}\boldsymbol{F}_{K_2 y} + q_{J_2 y}\boldsymbol{F}_{K_2 x} + p_{J_2 x}\boldsymbol{F}_{K_3 x}\cos\beta - p_{J_2 y}\boldsymbol{F}_{K_3 y}\sin\beta = I_{J_2}\boldsymbol{\varepsilon}_{J_2} - \sum\boldsymbol{T}_{J_2} - \boldsymbol{d}_{J_2}\times\sum\boldsymbol{F}_{J_2} \tag{5-63}$$

以上共有 7 个方程式,除 6 个运动副反力外,还有 p_{J_2} 未知,求解时先利用式(5-57)至式 (5-62)求解 6 个运动副内力。在解出内力以后,再代入式(5-62)中求解 p_{J_2},以确定 F_{K_3} 的作用点 C_2。

式(5-57)至式(5-62)相应矩阵的形式为

$$\boldsymbol{AX} = \boldsymbol{B}$$

式中:

$$\boldsymbol{A} = \begin{bmatrix} -1 & 0 & 1 & 0 & 0 & 0 \\ 0 & 0 & -1 & 0 & 1 & 0 \\ q_{J_1 y} & -q_{J_1 x} & -p_{J_1 y} & p_{J_1 x} & 0 & 0 \\ 0 & 0 & -1 & 0 & 1 & 0 \\ 0 & 0 & 0 & -1 & 0 & 1 \\ 0 & 0 & 0 & 0 & \cos\beta & \sin\beta \end{bmatrix}$$

$$\boldsymbol{X} = \begin{bmatrix} \boldsymbol{F}_{K_1 x} & \boldsymbol{F}_{K_1 y} & \boldsymbol{F}_{K_2 x} & \boldsymbol{F}_{K_2 y} & \boldsymbol{F}_{K_3 x} & \boldsymbol{F}_{K_3 y} \end{bmatrix}^{\mathrm{T}}$$

$$\boldsymbol{B} = \begin{bmatrix} m_{J_1}\boldsymbol{a}_{N_4 x} - \sum\boldsymbol{F}_{J_1 x} \\ m_{J_1}\boldsymbol{a}_{N_4 y} - \sum\boldsymbol{F}_{J_1 y} \\ I_{J_1}\boldsymbol{\varepsilon}_{J_1} - \sum\boldsymbol{T}_{J_1} - \boldsymbol{d}_{J_1}\times\sum\boldsymbol{F}_{J_1} \\ m_{J_2}\boldsymbol{a}_{N_5 x} - \sum\boldsymbol{F}_{J_2 x} \\ m_{J_2}\boldsymbol{a}_{N_5 y} - \sum\boldsymbol{F}_{J_2 y} \\ 0 \end{bmatrix}$$

调用标准的解线性方程子程序就可以方便地求得各未知量。

对此类杆组进行动态静力分析的子程序为 sub fguide( )。

4. 移动导杆Ⅱ级组

图 5-11 所示为移动导杆Ⅱ级组的受力图及分离构件的受力图,此类杆组中 ω_{J_1}、ω_{J_2}、ε_{J_1}、ε_{J_2} 都为零。为使图形清晰,图上的已知外力及外力偶均未画出。

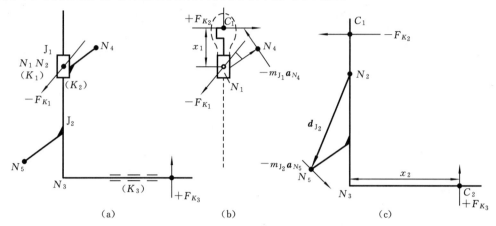

图 5-11　移动导杆Ⅱ级组的受力图

根据图 5-11(b),写出构件 J_1 的力和力矩平衡方程为

$$-\boldsymbol{F}_{K_1} + \boldsymbol{F}_{K_2} = m_{J_1}\boldsymbol{a}_{N_4} - \sum \boldsymbol{F}_{J_1} \tag{5-64}$$

$$-\boldsymbol{x}_1 \times \boldsymbol{F}_{K_2} + \boldsymbol{d}'_{J_1} \times \sum \boldsymbol{F}_{J_1} + \sum \boldsymbol{T}_{J_1} - \boldsymbol{d}_{I_1} \times m_{J_1}\boldsymbol{a}_{N_4} = \boldsymbol{0} \tag{5-65}$$

式中: $\boldsymbol{d}_{I_1}$——从 N_1 到惯性力作用点的矢径;

$\boldsymbol{d}'_{J_1}$——从 N_1 到已知合外力作用点的矢径;

$\boldsymbol{x}_1$——从 N_1 到 F_{K_2} 作用点的矢径,其大小未知。

注意:式(5-65)为对转动副中心 N_1 点的力矩方程,不同于前面所述各类杆组是对质心点的力矩方程,所以公式中多了一项惯性力的力矩。

同样,写出构件 J_2 的力和力矩平衡方程,有

$$-\boldsymbol{F}_{K_2} + \boldsymbol{F}_{K_3} = m_{J_1}\boldsymbol{a}_{N_5} - \sum \boldsymbol{F}_{J_2} \tag{5-66}$$

$$-\boldsymbol{x}_1 \times \boldsymbol{F}_{K_2} + \boldsymbol{x}_2 \times \boldsymbol{F}_{K_3} + \boldsymbol{d}'_{J_2} \times \sum \boldsymbol{F}_{J_2} + \sum \boldsymbol{T}_{J_2} - \boldsymbol{d}_{I_2} \times m_{J_2}\boldsymbol{a}_{N_5} = \boldsymbol{0} \tag{5-67}$$

式(5-67)不是对质心点的力矩方程,而是对 N_2 点(构件 J_2 与构件 J_1 上 N_1 点的瞬时重合点)的力矩方程。式中的各符号含义与式(5-66)类同。

在此类杆组中, $a_{N_4} = a_{N_1}$, $a_{N_5} = a_{N_3}$, $\boldsymbol{x}_1$ 垂直 F_{K_2}, $\boldsymbol{x}_2$ 垂直 F_{K_3},且 F_{K_2y} 及 F_{K_3x} 都等于零,则 $F_{K_2} = F_{K_2x}$, $F_{K_3} = F_{K_3y}$。考虑这些条件后,可得线性方程组为

$$-\boldsymbol{F}_{K_1x} + \boldsymbol{F}_{K_2x} = m_{J_1}\boldsymbol{a}_{N_1x} - \sum \boldsymbol{F}_{J_1x} \tag{5-68}$$

$$-\boldsymbol{F}_{K_1y} = m_{J_1}\boldsymbol{a}_{N_1y} - \sum \boldsymbol{F}_{J_1y} \tag{5-69}$$

$$-x_1\boldsymbol{F}_{K_2x} + \boldsymbol{d}'_{J_1} \times \sum \boldsymbol{F}_{J_1} + \sum \boldsymbol{T}_{J_1} - d_{I_1x}m_{J_1}\boldsymbol{a}_{N_1y} + d_{I_1y}m_{J_1}\boldsymbol{a}_{N_1x} = \boldsymbol{0} \tag{5-70}$$

$$-\boldsymbol{F}_{K_2x} = m_{J_2}\boldsymbol{a}_{N_3x} - \sum \boldsymbol{F}_{J_2x} \tag{5-71}$$

$$\boldsymbol{F}_{K_3y} = m_{J_2}\boldsymbol{a}_{N_3y} - \sum \boldsymbol{F}_{J_2y} \tag{5-72}$$

$$-x_1\boldsymbol{F}_{K_2x} + x_2\boldsymbol{F}_{K_3y} + \boldsymbol{d}'_{J_2} \times \sum \boldsymbol{F}_{J_2} + \sum \boldsymbol{T}_{J_2} - d_{I_2x}m_{J_2}\boldsymbol{a}_{N_3y} + d_{I_2y}m_{J_2}\boldsymbol{a}_{N_3x} = \boldsymbol{0} \tag{5-73}$$

将式(5-72)代入式(5-73)后与式(5-70)相减得

$$x_2\left(m_{J_2}\boldsymbol{a}_{N_3 y}-\sum\boldsymbol{F}_{J_2 y}\right)$$

$$=\boldsymbol{d}'_{J_1}\times\sum\boldsymbol{F}_{J_1}+\sum\boldsymbol{T}_{J_1}-d_{I_1 x}m_{J_1}\boldsymbol{a}_{N_1 y}+d_{I_1 y}m_{J_1}\boldsymbol{a}_{N_1 x}$$

$$-\boldsymbol{d}'_{J_2}\times\sum\boldsymbol{F}_{J_2}-\sum\boldsymbol{T}_{J_2}+d_{I_2 x}m_{J_2}\boldsymbol{a}_{N_3 y}-d_{I_2 y}m_{J_2}\boldsymbol{a}_{N_3 x}$$

式(5-68)、式(5-69)、式(5-71)、式(5-72)四个线性方程相应的矩阵形式:

$$\boldsymbol{AX}=\boldsymbol{B}$$

式中:

$$\boldsymbol{A}=\begin{bmatrix} -1 & 0 & 1 & 0 \\ 0 & -1 & 0 & 0 \\ 0 & 0 & 1 & 0 \\ 0 & 0 & 0 & m_{J_2}\boldsymbol{a}_{N_3 y}-\sum\boldsymbol{F}_{J_2 y} \end{bmatrix}$$

$$\boldsymbol{X}=\begin{bmatrix}\boldsymbol{F}_{K_1 x} & \boldsymbol{F}_{K_1 y} & \boldsymbol{F}_{K_2 x} & x_2\end{bmatrix}^{\mathrm{T}}$$

$$\boldsymbol{B}=\begin{bmatrix} m_{J_1}\boldsymbol{a}_{N_1 x}-\sum\boldsymbol{F}_{J_1 x} \\ m_{J_1}\boldsymbol{a}_{N_1 y}-\sum\boldsymbol{F}_{J_1 y} \\ m_{J_2}\boldsymbol{a}_{N_3 x}-\sum\boldsymbol{F}_{J_2 x} \\ \boldsymbol{d}'_{J_1}\times\sum\boldsymbol{F}_{J_1}+\sum\boldsymbol{T}_{J_1}-d_{I_1 x}m_{J_1}\boldsymbol{a}_{N_1 y}+d_{I_1 y}m_{J_1}\boldsymbol{a}_{N_1 x}-\boldsymbol{d}'_{J_2}\times\sum\boldsymbol{F}_{J_2} \\ -\sum\boldsymbol{T}_{J_2}+d_{I_2 x}m_{J_2}\boldsymbol{a}_{N_3 y}-d_{I_2 y}m_{J_2}\boldsymbol{a}_{N_3 x} \end{bmatrix}$$

调用标准的解线性方程子程序就可以方便地求得 $F_{K_1 x}$、$F_{K_1 y}$、$F_{K_2 x}$ 及 x_2。此后,$F_{K_3 y}$ 可由式(5-72)求得,x_1 可由式(5-70)求得。

对此类杆组进行动态静力分析的子程序为 sub ftst( )。

5. 单杆构件(曲柄受力分析)

单杆构件受力如图 5-12 所示,由于对单杆构件只能列出三个方程,故只能求解三个未知参数。通常单杆构件的受力分析问题,总是由已知该构件某一运动副的反力,求另一运动副的反力及平衡力矩的大小。

由图 5-12 写出的力分析方程为

$$-\boldsymbol{F}_{K_1 x}+\boldsymbol{F}_{K_2 x}=m_{J_1}\boldsymbol{a}_{N_3 x}-\sum\boldsymbol{F}_{J_1 x} \qquad(5\text{-}74)$$

$$-\boldsymbol{F}_{K_1 y}+\boldsymbol{F}_{K_2 y}=m_{J_1}\boldsymbol{a}_{N_3 y}-\sum\boldsymbol{F}_{J_1 y} \qquad(5\text{-}75)$$

$$q_{J_1 y}\boldsymbol{F}_{K_1 x}-q_{J_1 x}\boldsymbol{F}_{K_1 y}-p_{J_1 y}\boldsymbol{F}_{K_2 x}+p_{J_1 x}\boldsymbol{F}_{K_2 y}+\boldsymbol{T}_0$$

$$=I_{J_1}\boldsymbol{\varepsilon}_{J_1}-\sum\boldsymbol{T}_{J_1}-\boldsymbol{d}'_{J_1}\times\sum\boldsymbol{F}_{J_1} \qquad(5\text{-}76)$$

式中:$\boldsymbol{T}_0$——平衡力矩;

$\boldsymbol{F}_{K_1 x}$、$\boldsymbol{F}_{K_1 y}$、$\boldsymbol{T}_0$——未知参数。

式(5-74)至式(5-76)三个线性方程相应的矩阵形式:

$$\boldsymbol{AX}=\boldsymbol{B}$$

式中:

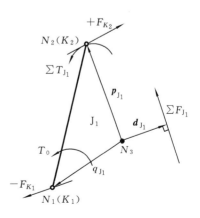

图 5-12　曲柄受力分析图

$$A = \begin{bmatrix} -1 & 0 & 0 \\ 0 & -1 & 0 \\ q_{J_1 y} & -q_{J_1 x} & 1 \end{bmatrix}$$

$$X = \begin{bmatrix} F_{K_1 x} & F_{K_1 y} & T_0 \end{bmatrix}^{\mathrm{T}}$$

$$B = \begin{bmatrix} m_{J_1} a_{N_3 x} - \sum F_{J_1 x} \\ m_{J_1} a_{N_3 y} - \sum F_{J_1 y} \\ I_{J_1} \varepsilon_{J_1} - \sum T_{J_1} - d_{J_1} \times \sum F_{J_1} \end{bmatrix}$$

调用标准的解线性方程子程序就可以方便地求得各未知量。

对此类杆组进行动态静力分析的子程序为 sub fcrank( )。

以上介绍了五种杆组的力分析编程方法及力分析方程的矩阵形式。在实际应用中，还将遇到别的基本杆组，因基本杆组均为静定的，故按照以上介绍的模式，不难建立其他相应的力分析矩阵和编写相应的子程序。

第6章 平面机构的设计

平面机构的设计主要是指连杆机构、凸轮机构和齿轮机构的运动设计。

（1）平面连杆机构设计的基本任务　实现预定的连杆位置、运动规律和运动轨迹。在设计时，一般先按给定的运动规律定出机构各杆长度，然后检验机构是否满足所要求的杆长条件、传力条件、连续传动条件等。

（2）凸轮机构设计的基本任务　根据工作要求，选定合适的凸轮机构的形式，确定从动件运动规律及结构尺寸；根据从动件运动规律设计凸轮轮廓曲线，并核验曲率半径等。

（3）齿轮机构设计的基本任务　根据给定的条件设计齿轮参数、计算几何尺寸、分析传动性能，设计内容包括选择传动类型、确定变位系数、计算几何尺寸等。

平面机构的设计方法有图解法、解析法。由于在《机械原理》教材中已经对三种机构的设计作了详细论述，故这里不再赘述。本章只介绍在凸轮机构设计中按许用压力角确定凸轮基圆半径的方法；在齿轮机构设计时如何选择变位系数、齿轮啮合图的绘制和设计带有直线或圆弧段连杆曲线铰链四杆机构的一个实用方法。

6.1 用计算机辅助设计法确定凸轮的基圆半径

凸轮机构的形式很多，确定常用的盘形凸轮基圆半径的主要方法有：计算机辅助设计法、图解法、诺谟图法等。随着计算机应用的普及，将计算机用于机械设计也越来越广泛。经多年实践证明，用计算机辅助设计法确定凸轮的基圆半径等基本参数快速有效、方便实用，而且它与机械原理课程教学内容联系紧密，不需补充额外知识，初学者很容易理解和接受。应用计算机辅助设计法的基本思路如下。

（1）选定凸轮机构的基本形式，再给出机构基本参数的初值，包括：传动件推程和回程及其运动规律、基圆半径、推杆偏距、摆杆长和中心距（对摆动从动件）等。

（2）按一定步长（如凸轮每转 1°）计算出凸轮在整个运动循环中各点的压力角，并找出其最大值和其发生的位置。

（3）最大压力角与许用压力角进行比较，修改凸轮机构的基本参数，边修改、边计算，边比较、再修改，直至找出实用的解为止。

计算机辅助设计法快速高效，基本参数修改和调整后，设计结果即有精确数据，又有直观的图形输出，便于设计者进行前后对比，为下一步基本参数应如何调整指明了方向。

图 6-1 所示为用计算机辅助设计法确定凸轮的基圆半径程序的运行界面。界面形象直观，设计者不仅可以快速找到理想的凸轮基圆半径和其他基本参数，而且通过逐步修改凸轮机构初始基本参数并观察计算机输出的数据和图形，包括：快速实时绘出的从动件运动规律曲线、凸轮轮廓推程回程等各段的理论和实际廓线、最大压力角及其出现的位置和大小等，可以清晰反映凸轮机构基本参数的改变是如何影响机构机械性能的。对设计者而言，每一次对凸轮基本参数的修改和调整，都是对凸轮机构设计中一些内在规律的再认识。尽管有时显得有些重复，但只要修改就有变化，而且调整结果的数据和图形的输出快速，尤其是实时显示的设

计结果图文并茂,往往会使设计者观察到许多以前从未认识到的新发现,设计过程也并不感到陌生和枯燥。

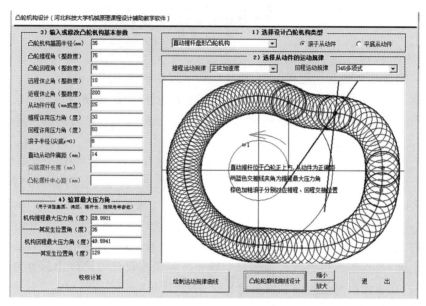

图 6-1　设计直动推杆盘形凸轮机构的运行界面

　　过去理论上一直认为凸轮机构基圆半径等基本参数的确定比较困难,影响因素也较多,也研究出很多相应的理论和具体方法,但实用性有限。经过作者多年实际操作结果显示,用计算机辅助设计法确定凸轮基本参数有一定规律可循,参数调节变化范围不大,得到较理想解并不难,实用性较好。

　　用计算机辅助设计法寻找最小的凸轮基圆半径和合适的偏距及绘制凸轮廓线等,用到的主要知识就是"机械原理"课程中凸轮廓线设计的解析法、压力角计算、从动件常用的运动规律等。本节就将编程中用到的主要内容简述如下。

6.1.1　从动件常用的运动规律

　　图 6-2 所示为一对心直动尖底从动件盘形凸轮机构,r_0 为凸轮的基圆半径,s 表示推杆位

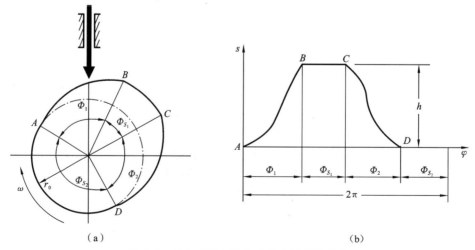

（a）　　　　　　　　　　　　　　　（b）

图 6-2　对心直动尖底从动件盘形凸轮机构

移，φ 为凸轮转角，h 为推杆升程，从动件作"升→停→降→停"运动，Φ_1 为推程角、Φ_{s_1} 为远程休止角、Φ_2 为回程角、Φ_{s_2} 为近程休止角。

推杆的运动规律是指它在推程和回程时，推杆位移 s、速度 v、加速度 a 等参数随凸轮转角的变化而变化的规律。

表 6-1 介绍了几种常用的运动规律，可供设计者选择或组合加以使用。

表 6-1　推杆常用的运动规律

运动规律	运动方程式		说明
	推程（$0 \leqslant \varphi \leqslant \Phi_1$）	回程（$0 \leqslant \varphi \leqslant \Phi_2$）	
等速运动	$s = \dfrac{h}{\Phi_1}\varphi$ $v = \dfrac{h}{\Phi_1}\omega$ $a = 0$	$s = h\left(1 - \dfrac{\varphi}{\Phi_2}\right)$ $v = -\dfrac{h}{\Phi_2}\omega$ $a = 0$	在行程始末存在 $\pm\infty$ 加速度，会产生刚性冲击
等加速等减速	等加速段 $0 \leqslant \varphi \leqslant (\Phi_1/2)$ $s = \dfrac{2h}{\Phi_1^2}\varphi^2$ $v = \dfrac{4h\omega}{\Phi_1^2}\varphi$ $a = \dfrac{4h\omega^2}{\Phi_1^2}$ 等减速段 $(\Phi_1/2) \leqslant \varphi \leqslant \Phi_1$ $s = h - \dfrac{2h}{\Phi_1^2}(\Phi_1 - \varphi)^2$ $v = \dfrac{4h\omega}{\Phi_1^2}(\Phi_1 - \varphi)$ $a = -\dfrac{4h\omega^2}{\Phi_1^2}$	等减速段 $0 \leqslant \varphi \leqslant (\Phi_2/2)$ $s = h - \dfrac{2h}{\Phi_2^2}\varphi^2$ $v = \dfrac{4h\omega}{\Phi_2^2}\varphi$ $a = -\dfrac{4h\omega^2}{\Phi_2^2}$ 等加速段 $(\Phi_2/2) \leqslant \varphi \leqslant \Phi_2$ $s = \dfrac{2h}{\Phi_2^2}(\Phi_2 - \varphi)^2$ $v = -\dfrac{4h\omega}{\Phi_2^2}(\Phi_2 - \varphi)$ $a = -\dfrac{4h\omega^2}{\Phi_2^2}$	在行程始末点和等加速等减速转化点存在有限的加速度突变，会产生柔性冲击
余弦加速度（简谐运动）	$s = \dfrac{h}{2}\left(1 - \cos\dfrac{\pi}{\Phi_1}\varphi\right)$ $v = \dfrac{\pi h\omega}{2\Phi_1}\sin\dfrac{\pi}{\Phi_1}\varphi$ $a = \dfrac{\pi^2 h\omega^2}{2\Phi_1^2}\cos\dfrac{\pi}{\Phi_1}\varphi$	$s = \dfrac{h}{2}\left(1 + \cos\dfrac{\pi}{\Phi_2}\varphi\right)$ $v = -\dfrac{\pi h\omega}{2\Phi_2}\sin\dfrac{\pi}{\Phi_2}\varphi$ $a = -\dfrac{\pi^2 h\omega^2}{2\Phi_2^2}\cos\dfrac{\pi}{\Phi_2}\varphi$	用在停→升→停场合，仍存在有限的加速度突变，会产生柔性冲击。用在升→降→升场合可以获得连续加速度
正弦加速度（摆线运动）	$s = \dfrac{h}{2\pi}\left(\dfrac{\varphi}{\Phi_1} - \sin\dfrac{2\pi\varphi}{\Phi_1}\right)$ $v = \dfrac{h\omega}{\Phi_1}\left(1 - \cos\dfrac{2\pi\varphi}{\Phi_1}\right)$ $a = \dfrac{2\pi h\omega^2}{\Phi_1^2}\sin\dfrac{2\pi}{\Phi_1}\varphi$	$s = \dfrac{h}{2\pi}\left(1 - \dfrac{\varphi}{\Phi_2} + \dfrac{1}{2\pi}\sin\dfrac{2\pi\varphi}{\Phi_2}\right)$ $v = -\dfrac{h\omega}{\Phi_2}\left(1 - \cos\dfrac{2\pi\varphi}{\Phi_1}\right)$ $a = -\dfrac{2\pi h\omega^2}{\Phi_2^2}\sin\dfrac{2\pi\varphi}{\Phi_2}$	可以获得光滑连续的加速度曲线，理论上不存在冲击

续表

运动规律	运动方程式		说明
	推程（$0 \leqslant \varphi \leqslant \Phi_1$）	回程（$0 \leqslant \varphi \leqslant \Phi_2$）	
345 多项式	$s=h\left[10\left(\dfrac{\varphi}{\Phi_1}\right)^3-15\left(\dfrac{\varphi}{\Phi_1}\right)^4+6\left(\dfrac{\varphi}{\Phi_1}\right)^5\right]$ $v=\dfrac{30h\omega}{\Phi_1}\left[\left(\dfrac{\varphi}{\Phi_1}\right)^2-2\left(\dfrac{\varphi}{\Phi_1}\right)^3+\left(\dfrac{\varphi}{\Phi_1}\right)^4\right]$ $a=\dfrac{60h\omega}{\Phi_1^2}\left[\dfrac{\varphi}{\Phi_1}-3\left(\dfrac{\varphi}{\Phi_1}\right)^2+2\left(\dfrac{\varphi}{\Phi_1}\right)^3\right]$	$s=h-h\left[10\left(\dfrac{\varphi}{\Phi_2}\right)^3-15\left(\dfrac{\varphi}{\Phi_2}\right)^4+6\left(\dfrac{\varphi}{\Phi_2}\right)^5\right]$ $v=-\dfrac{30h\omega}{\Phi_1}\left[\left(\dfrac{\varphi}{\Phi_2}\right)^2-2\left(\dfrac{\varphi}{\Phi_2}\right)^3+\left(\dfrac{\varphi}{\Phi_2}\right)^4\right]$ $a=\dfrac{60h\omega}{\Phi_1^2}\left[\dfrac{\varphi}{\Phi_2}-3\left(\dfrac{\varphi}{\Phi_2}\right)^2+2\left(\dfrac{\varphi}{\Phi_2}\right)^3\right]$	可以获得光滑连续的加速度曲线,理论上不存在冲击

6.1.2 凸轮廓线的计算机辅助设计

1. 直动滚子从动件盘形凸轮机构凸轮廓线设计

对直动从动件盘形凸轮机构的反转位置（见图 6-3）,建立矢量方程式,为

$$\boldsymbol{r}=\boldsymbol{e}+\boldsymbol{s}_0+\boldsymbol{s}$$

将上式分别向 x、y 轴投影,得凸轮理论廓线的坐标为

$$\left.\begin{array}{l}x=(s_0+s)\sin\varphi+e\cos\varphi\\ y=(s_0+s)\cos\varphi-e\sin\varphi\end{array}\right\} \qquad (6\text{-}1)$$

式中:$s_0=\sqrt{r_0^2-e^2}$,导路偏距 e 有取正负值的区别,规定以对心从动件为基准,向凸轮与从动件接触点速度的反向偏移为"＋",反之为"－"。

凸轮的实际廓线为

$$\left.\begin{array}{l}x'=x\pm r_{\mathrm{r}}\cos\theta\\ y'=y\pm r_{\mathrm{r}}\sin\theta\end{array}\right\} \qquad (6\text{-}2)$$

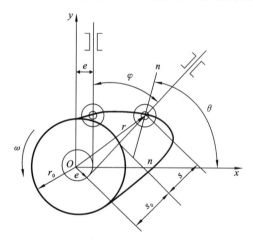

图 6-3　直动滚子从动件盘形
凸轮机构的反转位置

式中:r_{r} 为滚子的半径,"－"号用于内等距曲线;θ 为理论廓线上点的法线与 x 轴的夹角,

$$\tan\theta=-\mathrm{d}x/\mathrm{d}y=(\mathrm{d}x/\mathrm{d}\varphi)/(-\mathrm{d}y/\mathrm{d}\varphi)=\sin\theta/\cos\theta$$

$$\sin\theta=\frac{\left(\dfrac{\mathrm{d}x}{\mathrm{d}\varphi}\right)}{\sqrt{\left(\dfrac{\mathrm{d}x}{\mathrm{d}\varphi}\right)^2+\left(\dfrac{\mathrm{d}y}{\mathrm{d}\varphi}\right)^2}}$$

$$\cos\theta=\frac{-\left(\dfrac{\mathrm{d}y}{\mathrm{d}\varphi}\right)}{\sqrt{\left(\dfrac{\mathrm{d}x}{\mathrm{d}\varphi}\right)^2+\left(\dfrac{\mathrm{d}y}{\mathrm{d}\varphi}\right)^2}}$$

2. 直动平底从动件盘形凸轮廓线的设计

对直动平底从动件盘形凸轮机构的任一反转位置（见图 6-4）,建立矢量方程式,有

$$\boldsymbol{r}=\overrightarrow{Op}+\boldsymbol{r}_0+\boldsymbol{s}$$

将上式分别向 x、y 轴投影,直接得凸轮实际廓线的坐标

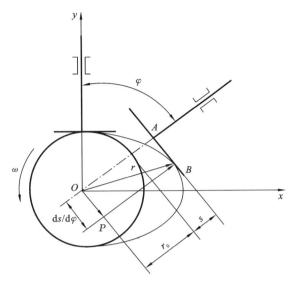

图 6-4　直动平底从动件盘形凸轮机构的反转位置

$$
\left.
\begin{aligned}
x &= (r_0 + s)\sin\varphi + \frac{\mathrm{d}s}{\mathrm{d}\varphi}\cos\varphi \\
y &= (r_0 + s)\cos\varphi - \frac{\mathrm{d}s}{\mathrm{d}\varphi}\sin\varphi
\end{aligned}
\right\}
\tag{6-3}
$$

3. 摆动从动件盘形凸轮廓线的设计

对摆动滚子从动件盘形凸轮机构形式之一(见图 6-5(a)),即主从动件逆向运动的凸轮机构任一反转位置,建立矢量方程式,有

$$
\boldsymbol{r} = \overrightarrow{OA} + \overrightarrow{AB}
$$

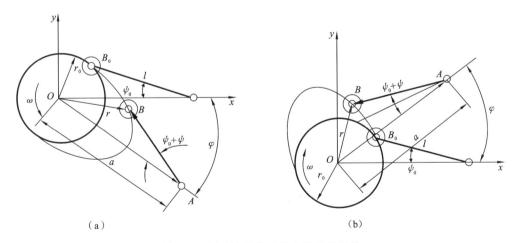

(a)　　　　　　　　　　　　　　(b)

图 6-5　摆动滚子从动件盘形凸轮机构

(a)逆向摆动盘形凸轮机构的反转位置　(b)同向摆动盘形凸轮机构的反转位置

将上式分别向 x、y 轴投影,得凸轮理论廓线的坐标为

$$
\left\{
\begin{aligned}
x &= a\cos\varphi - l\cos(\psi_0 + \psi + \varphi) \\
y &= -a\sin\varphi - l\sin(\psi_0 + \psi + \varphi)
\end{aligned}
\right.
\tag{6-4}
$$

式中:ψ_0 为从动件初始位置角,

$$\psi_0 = \arccos \frac{a^2 + l^2 - r_0^2}{2al}$$

对于摆动从动件盘形凸轮机构另一形式，主从动件同向运动，凸轮与摆杆均为顺时针方向运动（见图 6-5(b)），按同理可得其凸轮的理论廓线为

$$\left.\begin{array}{l} x = a\cos\varphi + l\cos(\psi_0 + \psi - \varphi) \\ y = a\sin\varphi - l\sin(\psi_0 + \psi - \varphi) \end{array}\right\} \tag{6-5}$$

式中：ψ_0 为从动件初始位置角，

$$\psi_0 = \arccos \frac{a^2 + l^2 - r_0^2}{2al}$$

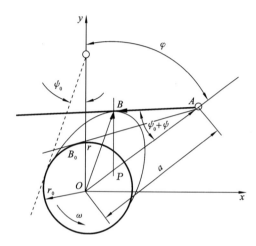

图 6-6　摆动平底从动件盘形凸轮机构

对于如何获得其滚子从动件凸轮的实际廓线，可参考前面直动滚子从动件的情况处理。

4. 摆动平底从动件盘形凸轮廓线的设计

对摆动平底从动件盘形凸轮机构的相互逆向运动的形式（见图 6-6），取其任一反转位置，p 点为凸轮和摆杆的速度瞬心，所以有

$$\mathrm{d}\psi / \mathrm{d}\varphi = L_{OP} / L_{AP}$$

另外有

$$L_{AB} = L_{AP}\cos(\psi_0 + \psi) = \frac{a\cos(\psi_0 + \psi)}{1 + \mathrm{d}\psi / \mathrm{d}\varphi}$$

建立矢量方程式，有

$$\boldsymbol{r} = \overrightarrow{OA} + \overrightarrow{AB}$$

凸轮的实际廓线方程为

$$\begin{cases} x = a\sin\varphi - L_{AB}\sin(\varphi + \psi_0 + \psi) \\ y = a\cos\varphi - L_{AB}\cos(\varphi + \psi_0 + \psi) \end{cases} \tag{6-6}$$

式中：

$$\psi_0 = \frac{\arccos r_0}{a}$$

对摆动从动件与盘形凸轮机构的相互同向运动的形式，凸轮与摆杆均为顺时针方向运动，只需将式(6-6)中的凸轮转角 φ 改变符号，就能得到该运动形式的凸轮的实际廓线方程。

6.1.3　凸轮机构的压力角计算

凸轮机构压力角 α 越大，机构传动效率就越低。在凸轮机构传动中，压力角是随时变化的，设计中往往最关心其最大值，只要使 $\alpha_{\max} \leqslant [\alpha]$，就可以保证整个传动过程中，机构具有较好的传力特性。在传统的凸轮机构设计中，提供了很多给定许用压力角，寻求最小的基圆半径的方法，但使用起来不太方便，方法繁琐，形象直观性差，还需补充额外知识。采用计算机辅助设计法，直接在界面上修改基圆和其他凸轮机构基本参数，立即计算压力角，甚至画出凸轮外形，并可随时进行参数调整前后实际效果的比对，显得更加有的放矢、快速实用。

1. 偏置直动从动件盘形凸轮机构的压力角计算

对图 6-7 所示偏置直动从动件盘形凸轮机构，P 点为凸轮与从动件的速度瞬心，有

$$OP = v/\omega = \mathrm{d}s/\mathrm{d}\varphi$$

根据图 6-7 所示的几何关系可求出机构压力角，即

$$\alpha = \arctan \frac{\left|\dfrac{\mathrm{d}s}{\mathrm{d}\varphi} - e\right|}{s + \sqrt{r_0^2 - e^2}} \qquad (6-7)$$

结论 1 影响此类机构压力角大小的主要因素有基圆半径 r_0 大小、偏距 e 大小及偏置方向和选用何种从动件运动规律。

结论 2 在其他参数不变情况下,基圆半径 r_0 越大,机构的最大压力角就越小。

结论 3 在其他参数不变情况下,调整导路的偏距 e,采用适当的正偏置,可以使机构推程的最大压力角有所降低(但回程的最大压力角将增大);如偏距过大,则推程最大压力角反而会增大,且最大压力角很可能会出现在推程的起点处。

结论 4 修改运动规律或相应的推程和回程角等,若使位移曲线变得平缓些,也能使机构的最大压力角有所降低。

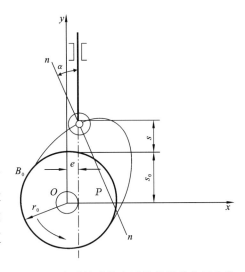

图 6-7 直动从动件盘形凸轮机构的压力角

2. 摆动从动件盘形凸轮机构的压力角计算

对图 6-8 所示摆动尖底从动件盘形凸轮机构,主从动件运动方向互逆,P 点为凸轮与从动件的速度瞬心,有 $\mathrm{d}\psi/\mathrm{d}\varphi = L_{OP}/L_{AP}$,另外有

$$L_{AD} = L_{AP}\cos(\psi_0 + \psi) = \frac{a\cos(\psi_0 + \psi)}{1 + \dfrac{\mathrm{d}\psi}{\mathrm{d}\varphi}}$$

$$\tan\alpha = \frac{BD}{PD} = \frac{|l - AD|}{pD} = \frac{|l - AP\cos(\psi_0 + \psi)|}{AP\sin(\psi_0 + \psi)}$$

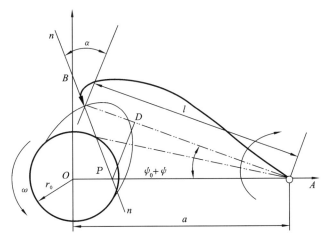

图 6-8 逆向摆动尖底从动件盘形凸轮机构的压力角

进一步可得

$$\alpha = \arctan \frac{\left|l\left(1 + \dfrac{\mathrm{d}\psi}{\mathrm{d}\varphi}\right) - a\cos(\psi_0 + \psi)\right|}{a\sin(\psi_0 + \psi)} \qquad (6-8)$$

式中：

$$\psi_0 = \arccos \frac{a^2 + l^2 - r_0^2}{2al}$$

对摆动尖底从动件盘形凸轮机构中，主动件与从动件转向均为顺时针方向时，其压力角的计算只需将前面压力角计算式中的 $d\psi/d\varphi$ 的符号改为负即可。

另外，对摆动平底从动件凸轮机构，虽然不需校核压力角，但是，机构在初始参数选择不当时，如从动件摆角过大、推程角过小等，机构的从动件很容易产生运动失真现象和凸轮廓线变尖等。对于同向摆动平底从动件凸轮机构，失真现象容易出现在推程段，所以应采用较大的推程角为好；而对反向摆动平底从动件凸轮机构，失真现象则容易出现在回程段。对于直动平底从动件凸轮机构，从动件升程相对较大时，也会出现运动失真现象，可采用增大基圆半径等办法加以改善。

6.1.4　用计算机辅助设计法确定凸轮的基圆半径实例

1. 偏置直动从动件盘形凸轮机构设计

图 6-1 所示为用计算机辅助设计法确定凸轮的基圆半径的运行界面，当前为设计直动推杆盘形凸轮机构的实例。

设计者可以在该界面下，进行如下操作。

（1）选择凸轮机构类型。

（2）选择从动件形式。

（3）选择推程和回程的运动规律。

（4）输入机构的基本参数，如：基圆半径、推程、回程角、近远程休止角、直动从动件偏距等。

（5）计算机构推程和回程的最大压力角，并确定其所处的位置角。

（6）绘制凸轮机构从动件运动规律线图。

（7）绘制凸轮理论和实际廓线，并可放大或缩小观察。

（8）修改机构基本参数、从动件运动规律、从动件形式等，然后重新计算压力角，再绘制凸轮廓线。

一般在运动规律选定的情况下，先给定较大的初始基圆半径 r_0（如取 $r_0 = 2h, h$ 为从动件升程）和一较小的初始正偏距 e（如 $e = 0.5 r_0 \sin[\alpha]$，过大正偏距可能导致推程最大压力角偏大），然后逐渐减小基圆半径，并同时调整偏距 e 大小，随时观察推程和回程最大压力角变化，就很容易找出满足许用压力角条件下理想的凸轮基圆半径和偏距等机构基本参数。

以下为压力角"校核计算"按钮下的 VB 源程序代码，此段代码不仅可以用于直动从动件凸轮机构，也可用于摆动从动件凸轮机构。

说明：本段代码为简单串联计算，并未设计成搜索满足许用压力角的最小基圆半径的优化程序，目的是让使用者亲自参与逐步修改凸轮机构基本参数，并实时观察这些基本参数的改变对机构设计结果是如何影响的，进一步理解和掌握一些凸轮机构设计中的基本问题和基本规律。经实际运行证明，可以快速找到理想的凸轮机构基本参数。

```
Private Sub Command2_Click()
Dim sp(361), vp(361), ap(361), alfa(361)    //定义数组存储运动规律和最大压力角
Dim theta1 As Single                        //定义推程角
```

```
Dim theta2 As Single            //定义远程休止角
Dim theta3 As Single            //定义回程角
Dim theta4 As Single            //定义近程休止角
Dim phi0 As Single              //定义角度变量
Dim phi1 As Single              //定义角度变量
Dim e As Single                 //定义偏距 e
Dim r0 As Single                //定义基圆半径
Dim con As Single               //定义计算常数
Dim alfamax1 As Single
Dim alfamax2 As Single
Dim h As Single                 //定义升程
Dim rr As Single                //定义滚子半径
Dim xutheta1 As Single          //定义推程许用压力角
Dim xutheta2 As Single          //定义回程许用压力角
Dim lab As Single               //定义杆长 Lab
Dim loa As Single               //定义机架长 Loa


r0=Text1.Text                   //读入基圆半径
theta1=Text2.Text               //读入推程角
theta2=Text4.Text               //读入远休止角
theta3=Text3.Text               //读入回程角
theta4=Text5.Text               //读入近程角


h=Text6.Text                    //读入推程
e=Text9.Text                    //读入偏距
rr=Text10.Text                  //读入滚子半径
xutheta1=Text7.Text             //读入推程许用压力角
xutheta2=Text8.Text             //读入回程许用压力角
//读入摆动从动件参数
lab=Text12.Text                 //读入杆长 Lab
loa=Text13.Text                 //定义机架长 Loa
//读入摆动从动件参数
phi0=0
phi1=theta1
If Option2=True Then
MsgBox"您选择的是平底从动件其压力角=0°,无须计算!"
Text11.Text=0
Text14.Text=0
Exit Sub
End If
If Combo1.Text="选择欲设计的机构类型" Then
MsgBox " 您还没有选择机构类型,请选择! "
Exit Sub
End If
```

```
If Combo2.Text="选择运动规律" Then
MsgBox " 您还没有选择推程运动规律,请选择! "
Exit Sub
End If


If Combo3.Text="选择运动规律" Then
MsgBox " 您还没有选择回程运动规律,请选择! "
Exit Sub
End If


If theta1+theta2+theta3+theta4<360 Or theta1+theta2+theta3+theta4>360 Then
MsgBox " 您的推程、回程和休止角之和≠360°,请修正! "
Exit Sub
End If


//如果选择了摆动从动件,检验基本尺寸合理性
If Combo1.ListIndex=1 Or Combo1.ListIndex=2 Then
If lab+r0<=loa Or loa+r0<=lab Or loa+lab<=r0 Then
MsgBox (" 您输入的摆杆长度、基圆、中心矩尺寸不协调,请修改!"
(注:其两边之和必须大于第三边,否则计算将溢出))
Exit Sub
End If
End If
//如果推程选择了等速运动规律
If Combo2.ListIndex=0 Then
Call dengsu1(h, 1, phi0, phi1, sp(), vp(), ap())
End If
//如果推程选择了等加速运动规律
If Combo2.ListIndex=1 Then
Call dengjiasu1(h, 1, phi0, phi1, sp(), vp(), ap())
End If
//如果推程选择了 345 多项式运动规律
If Combo2.ListIndex=2 Then
Call duoxiang3451(h, 1, phi0, phi1, sp(), vp(), ap())
End If
//如果推程选择了余弦加速度运动规律
If Combo2.ListIndex=3 Then
Call yuxuan1(h, 1, phi0, phi1, sp(), vp(), ap())
End If
//如果推程选择了正弦加速度运动规律
If Combo2.ListIndex=4 Then
Call zhengxuan1(h, 1, phi0, phi1, sp(), vp(), ap())
End If
```

```
//确定远休止部分运动规律
For i=theta1 To theta1+theta2 Step 1
sp(i)=h
vp(i)=0
ap(i)=0
Next i
//求回程段运动规律
phi0=(theta1+theta2)
phi1=theta3
If Combo3.ListIndex=0 Then
Call dengsu2(h, 1, phi0, phi1, sp(), vp(), ap())
End If


If Combo3.ListIndex=1 Then
Call dengjiasu2(h, 1, phi0, phi1, sp(), vp(), ap())
End If


If Combo3.ListIndex=2 Then
Call duoxiang3452(h, 1, phi0, phi1, sp(), vp(), ap())
End If
If Combo3.ListIndex=3 Then
Call yuxuan2(h, 1, phi0, phi1, sp(), vp(), ap())
End If
If Combo3.ListIndex=4 Then
Call zhengxuan2(h, 1, phi0, phi1, sp(), vp(), ap())
End If
//确定近休止段运动规律
For i=theta1+theta2+theta3 To 360 Step 1
sp(i)=0
vp(i)=0
ap(i)=0
Next i
con=3.1415926/180


//计算直动从动件的压力角
If Combo1.ListIndex=0 Then
For i=1 To 360 Step 1
alfa(i)=Atn((vp(i)-e)/(Sqr(r0 * r0-e * e)+sp(i)))
Next i
End If


//计算摆动从动件的压力角
//1)计算摆动同向转动主从动件凸轮机构的压力角
```

```
If Combo1.ListIndex=1 Then
acosp=(loa * loa+lab * lab-r0 * r0)/(2 * loa * lab)
pusai0=Abs(Atn(Sqr(1-acosp * acosp)/acosp))
For i=1 To 360 Step 1
alfa(i)=Atn((-lab * Abs(vp(i)) * con-(loa * Cos(pusai0+sp(i) * con)-lab))/(loa * Sin
(pusai0+sp(i) * con)))
Next i
End If
```

//2)计算摆动相互反向转动主从动件凸轮机构的压力角
```
If Combo1.ListIndex=2 Then
acosp=(loa * loa+lab * lab-r0 * r0)/(2 * loa * lab)
pusai0=Abs(Atn(Sqr(1-acosp * acosp)/acosp))
For i=1 To 360 Step 1
alfa(i)=Atn((lab * Abs(vp(i)) * con-(loa * Cos(pusai0+sp(i) * con)-lab))/
(loa * Sin(pusai0+sp(i) * con)))
Next i
End If
```

//找出推程最大压力角和发生位置并显示
```
alfamax1=0
For i=1 To theta1 Step 1
aaa=Abs(alfa(i))
If aaa>alfamax1 Then
alfamax1=aaa
weizhi1=i
End If
Next i
alfamax1=alfamax1/con
Text11.Text=alfamax1
Text15.Text=weizhi1
```

//找出回程最大压力角和发生位置并显示
```
alfamax2=0
For i=theta1+theta2 To theta1+theta2+theta3 Step 1
aaa=Abs(alfa(i))
If aaa>alfamax2 Then
alfamax2=aaa
weizhi2=i
End If
Next i
alfamax2=alfamax2/con
Text14.Text=alfamax2
Text16.Text=weizhi2
If alfamax1<=xutheta1 And alfamax2<=xutheta2 Then
```

MsgBox " 您的推程、回程压力角均满足要求！"
End If
If alfamax1>xutheta1 Or alfamax2>xutheta2 Then
MsgBox " 您的推程或回程压力角不能满足要求，请调整机构参数！"
End If
End Sub

2. 摆动从动件盘形凸轮机构设计

图 6-9、图 6-10 所示为摆动滚子从动件盘形凸轮机构计算机辅助设计界面。对于摆动从动件盘形凸轮机构，软件使用情况与直动情况基本一致，还需注意以下几个不同点。

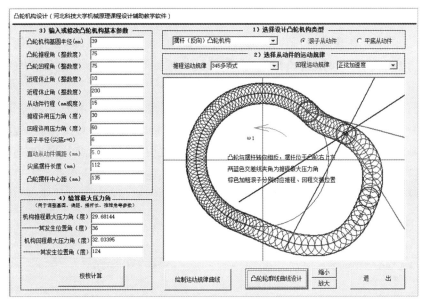

图 6-9   逆向摆杆滚子从动件凸轮机构设计界面

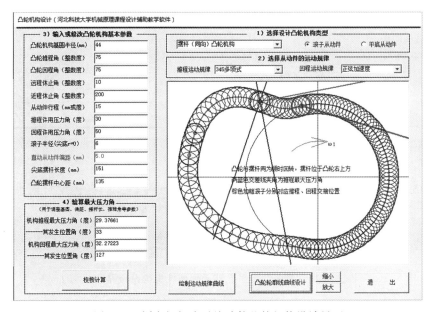

图 6-10   同向摆杆滚子从动件凸轮机构设计界面

（1）摆动从动件盘形凸轮机构设计存在两种主要类型，即凸轮与摆杆同向（均为顺时针方向）和凸轮与摆杆逆向（凸轮逆时针方向、摆杆顺时针方向）。采用何种机构类型，设计者可以在界面上的下拉列表框中选择。

（2）如果选择了平底从动件，则不需计算压力角，只需要使平底长度足够长，能保证平底与凸轮最远点相切接触即可。

（3）对于滚子从动件，基圆、运动规律的推程角和推程大小对机构最大压力角影响较大。基圆、推程角取值愈大，而推程取值愈小，机构推程最大压力角将愈小；摆杆长度和中心距对机构压力角也有一定影响。

（4）对于尖底或滚子从动件，还需要注意：在确定基圆半径、摆杆长度、中心距参数初值时，一定要满足三者之间的协调关系。保证摆杆与凸轮基圆及廓线能够良好接触，一般摆杆长度与中心距值相差不大，初值可取两者近似相同，再进行微调即可。一般为减小机构推程最大压力角，对于同向摆动凸轮机构，使摆杆长度略大于中心距，对于反向摆动凸轮机构则相反。

（5）对于平底从动件，虽然不存在压力角问题，但是，如果基本参数选择不当，也容易出现从动件运动失真现象。图 6-11 所示的是采用同样基本参数，但从动件为平底，且基圆半径增大了近一倍时的凸轮廓线设计结果。可以看出其中存在明显的实际廓线交叉，即存在运动失真现象。所以，设计者需慎重选择机构的基本参数，尤其注意：摆动从动件摆杆摆角过大或推程角较小时，凸轮实际廓线极有可能出现交叉或尖角现象，而且有时用增大基圆半径的办法对其进行改善的效果并不明显。

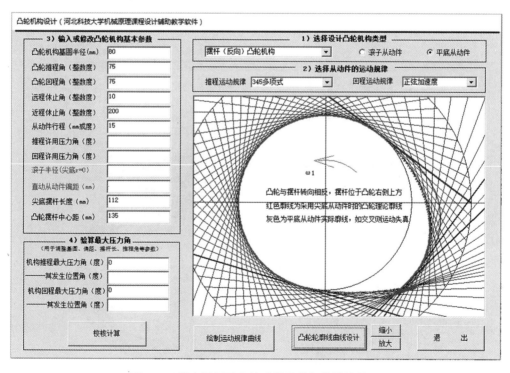

图 6-11　逆向摆杆平底从动件凸轮机构设计界面

6.2 变位齿轮变位系数的选择

正确选择变位系数是设计变位齿轮的关键。变位齿轮传动的优点能否充分发挥,在很大程度上取决于变位系数的选择是否合理。

6.2.1 变位系数选择原则

根据齿轮传动的工况不同,选择变位系数时应遵循以下原则。

1. 最高接触强度原则

对于润滑良好的闭式齿轮传动,若齿轮表面的硬度不大于 350 HBS,齿面接触强度是薄弱环节,应最大限度地减小齿面接触应力,选择变位系数时应尽量选择正传动的变位系数,使两齿轮变位系数和 $x_\Sigma = x_1 + x_2$ 达到最大。

2. 等弯曲强度原则

闭式齿轮传动的齿轮表面的硬度大于 350 HBS,其主要破坏形式为弯曲疲劳折断。选择变位系数时应使弯曲强度较低的齿轮齿根厚度增大,并使两齿轮齿根弯曲强度趋于接近。

3. 等滑动系数原则

开式齿轮传动,齿面将产生磨损;高速、重载齿轮传动,齿面易产生胶合失效。所选变位齿轮应使齿面滑动系数较小,并使两轮齿根的最大滑动系数相等。

4. 平稳性原则

对于高速、重载齿轮传动及精密传动(仪器仪表),期望齿轮啮合平稳、准确,所选变位系数应使重合度尽可能大。

此外,变位系数的选择还受到下列条件的限制。

(1) 齿轮不发生根切现象。在弯曲强度许可的条件下,允许有不侵入齿轮齿廓工作段的微量根切。

对于用齿条形刀具加工的齿轮,不根切的条件为

$$x_{\min} = \frac{h_a^* (z_{\min} - z)}{z_{\min}} \tag{6-9}$$

式中:

$$z_{\min} = \frac{2h_a^*}{\sin^2\alpha} \tag{6-10}$$

(2) 齿轮啮合不发生过渡曲线干涉,不允许过渡曲线延伸到齿廓工作段以内。

用齿条形刀具加工的外齿轮啮合时,小齿轮齿根与大齿轮齿顶不产生干涉的条件为

$$\tan\alpha' - \frac{z_2}{z_1}(\tan\alpha_{a2} - \tan\alpha') - \tan\alpha + \frac{4(h_a^* - x_1)}{z_1 \sin 2\alpha} \geqslant 0 \tag{6-11}$$

大齿轮齿根与小齿轮齿顶不产生干涉的条件为

$$\tan\alpha' - \frac{z_1}{z_2}(\tan\alpha_{a1} - \tan\alpha') - \tan\alpha + \frac{4(h_a^* - x_2)}{z_2 \sin 2\alpha} \geqslant 0 \tag{6-12}$$

(3) 保证有足够的重合度,应满足 $\varepsilon_a \geqslant [\varepsilon_a]$,即

$$\varepsilon_a = \frac{1}{2\pi}[z_1(\tan\alpha_{a1} - \tan\alpha') + z_2(\tan\alpha_{a2} - \tan\alpha')] \geqslant [\varepsilon_a] \tag{6-13}$$

对于 7～8 级齿轮,取许用重合度 $[\varepsilon_a] = 1.1～1.2$。

（4）齿顶厚度不宜过薄。齿顶厚度 $s_a = S_a^* m$，S_a^* 称为齿顶厚因数，其许用值 $[s_a^*]$ 一般取 $0.25 \sim 0.40$，对于硬齿面齿轮取大值，对于软齿面齿轮取小值，要求 $s_a^* \geqslant [S_a^*]$，其公式为

$$s_a^* = \frac{d_{a1}}{m}\left(\frac{\pi}{2z_1} + \frac{2x_1 \tan\alpha}{z_1} + \mathrm{inv}\alpha - \mathrm{inv}\alpha_{a1}\right) \geqslant [s_a^*] \tag{6-14}$$

6.2.2 用计算法确定变位齿轮的变位系数

1. 用计算法确定变位系数的基本思路

工程上常用的变位系数选择方法有列表法、线图法、封闭图法和计算法等。下面介绍较为实用、高效的计算法。

变位系数的选择是一个复杂的综合问题，影响因素很多，其要求大体上可概括为两类：一类是变位系数必须满足的基本条件，如无侧隙啮合、最小齿顶厚限制、啮合不干涉、不根切等，这些条件一旦不满足，变位齿轮是不能运行的；另一类是传动质量方面的要求，如提高接触强度、等弯曲强度、等磨损、重合度等。

用计算法快速合理选择变位系数的核心在于：从诸多影响变位齿轮的设计变量的决定因素中寻找关键的独立参量，主要是那些变化幅度不大而且容易确定初值和进一步调整的参量。通过分析可以发现，在标准齿轮的基本参量 m、α、z_1、z_2、h_a^*、c^* 给定后，它要进一步成为一对确定的变位齿轮，还需要再确定两个基本参量，直觉上当然是大小齿轮变位系数 x_1、x_2。传统的变位系数选择不论采用何种方法，制作的各种图或表等大都将视点直接聚焦在 x_1、x_2 上。

此处采用的计算法选择的变位齿轮关键基本参量则为啮合角 α' 和小齿轮变位系数 x_1。究其原因主要是：① 小齿轮齿数少，齿根厚度较小，参加啮合次数多，一般采用正变位较多，同时又受根切和齿顶变尖等基本条件限制，变位系数 x_1 的合理取值范围不大，容易确定其初值；② 标准齿轮传动的啮合角为 $20°$，常用变位齿轮传动的啮合角 α' 变化范围一般不大，根据机械常识比较容易给出其大致取值范围，如 $15° \sim 28°$，况且变位齿轮又多采用正传动，所以啮合角的范围就更有限了。

在变位齿轮基本参量啮合角 α' 和小齿轮变位系数 x_1 确定后，变位齿轮就已经确定了。在此基础上计算变位齿轮任何尺寸参数，检验传动是否满足任何基本条件和考察任何传动质量要求都已成为可能。一旦基本条件和传动质量不能满足要求，设计者可以在较小范围内调节啮合角 α' 和小齿轮变位系数 x_1，而最终很容易获得较理想的变位齿轮基本参数 x_1 和 x_2。

考虑到人们在机械设计中对距离的感觉比对角度更直接、更敏感，程序界面设计时将啮合角取值范围转化成为中心距的取值范围，进一步用中心距变量替代啮合角变量，使程序使用者在操作中会更容易确定变量的初值和进行调整优化。经过实际运行我们也发现，一般常用变位传动中心距取值范围并不大，选择初值和调整起来确实更方便，况且有些变位齿轮传动设计本身就是为配凑中心距而进行的。

所以，此设计变位齿轮的计算法最终选择的两个基本的独立参变量为：传动实际中心距 a' 和小轮变位系数 x_1。这样就抓住了解决问题的关键，将一个原本复杂难以下手的对象简单化。

2. 变位齿轮计算法的主要过程

（1）给定齿轮传动的基本参数 m、α、z_1、z_2、h_a^*、c^*；限定最小齿顶厚，取 $s_{amin} = 0.25\,m$；给定啮合角 α' 的取值范围，$\alpha'_{min} = 15°$，$\alpha'_{max} = 28°$。

（2）估算变位系数 x_1 合理的取值范围。

① 按不根切确定小齿轮的最小变位系数 x_{1min}，计算公式为式（6-9）。

② 按齿顶厚估算最大变位系数 x_{1max}。

从 $x_1 > 0$ 开始搜索 x_{1max}（因为正变位才导致齿顶变尖），由齿顶变尖条件确定 x_{1max}，此处忽略齿顶圆降低系数对齿顶圆降低的影响，因为降低量很小，且这样做又是偏于安全的，其齿顶厚计算公式为式（6-14）。

（3）将啮合角的取值范围转化为实际中心距取值范围，并选定一初始值。

① 根据啮合角的取值范围，确定实际中心距 a' 合理取值范围，其最大和最小中心距可按下式计算。

$$\frac{a\cos\alpha}{\cos\alpha'_{min}} \leqslant a' \leqslant \frac{a\cos\alpha}{\cos\alpha'_{max}}$$

② 在上述范围内，在程序界面上为计算程序选定一实际中心距初值，考虑到变位齿轮多采用正传动，又考虑传动的重合度不应下降太多，其值可按下式选定。

$$a' = \frac{a'_{max} + a'_{min}}{2}$$

选取的实际中心距初值略大于标准中心距，设计者可以在此基础上进一步增减调整。

（4）选择和调整小齿轮的变位系数 x_1。

在选定实际中心距 a' 并计算出啮合角后 α' 后，根据无侧隙啮合方程式，就可以计算出这对变位齿轮的变位系数之和 $x_1 + x_2$，即

$$x_1 + x_2 = \frac{(z_1 + z_2)(inv\alpha' - inv\alpha)}{2\tan\alpha} \tag{6-15}$$

计算程序将 x_1 的初值设为 $(x_{1min} + x_{1max})/2$，设计者可参考运行界面上显示的 $x_1 + x_2$ 和 $x_{1min} \sim x_{1max}$，对 x_1 进行调整，并随时观察变位齿轮其他参数的变化，比如 x_2、大小齿轮齿顶厚、齿根厚、相对滑动系数、变位传动重合度等。

调整过程中需注意优先满足传动基本条件，包括以下几个方面。

① 保证 $x_1 > x_{1min}$ 和 $x_2 > x_{2min}$，避免大小齿轮发生根切。

② 齿轮 1 和齿轮 2 的齿顶厚满足要求，避免变位系数过大，发生齿顶变尖。

③ 大小齿轮是否会发生齿顶与齿根过渡曲线干涉现象等。

调整过程中随时观察变位齿轮传动质量变化情况，包括以下几个方面。

① 是否满足重合度要求。

② 大小齿轮的齿根厚变化，即弯曲强度改变情况。

③ 齿根相对滑动系数是否相近，即磨损程度改变如何。

④ 观察变位齿轮传动的中心距、啮合角、变位系数之和等参数，判断传动类型、接触强度等多方面的改变。

如果结果不理想，可以随时修改实际中心距 a'，再调整 x_1 值。重复上述过程，直至找出比较理想的变位系数为止。

计算程序选定的被调整参变量数量为 2，其变化范围也不大，加之可以随时看到其他相关参变量数值和齿廓几何外形的变化情况，所以比较容易获得理想的设计结果。另外，运行界面对需要调整的参数，如实际中心距 a' 和小齿轮变位系数 x_1，均采用了设定步长后，通过按键增大或减小的方式进行。因此，不必每次都手工输入数据，调整参数方便。必要时还可以修改步长幅度和直接修改要调整的参数值，操作起来更加便捷。

（5）绘制和显示变位齿轮的齿廓。

运行界面还设有一个图形窗口，可显示出这对齿轮变位后的齿形和分度圆、节圆、齿顶圆、

齿根圆、基圆。这样，伴随设计者在调整变位齿轮基本参数过程中，界面上不仅有相关参数数值随之改变，更有齿形几何形状上的变化与之对照，可以直观看到参数调整对齿形的影响。齿形绘制采用了精确展成和渐开线方程近似计算两种方式进行，实际显示除齿根局部外，两种齿廓曲线相同。

设计者多次使用这类软件，通过针对各种要求不同的变位齿轮进行设计及调整参数，反复将相关变量的数值增减与齿形变化进行对比，头脑中很容易形成一个所谓"好坏齿形"的直观印象，即只需看这对变位齿轮的齿形外观，就可以基本判定它们的实际传动性能和质量如何，也大体明确了下一步应该调整哪个参数，该如何调整。实践也证明，外观饱满、匀称，配合合适的一对变位轮齿，其传动质量和机械性能通常也较佳。

6.2.3　用计算法确定变位齿轮的变位系数实例

例 6-1　已知一对变位齿轮的基本参数，$z_1 = 12$，$z_2 = 28$，$m = 5$，$\alpha = 20°$，$h_a^* = 1$，$c^* = 0.25$。试确定其大小齿轮的变位系数 x_1 和 x_2。要求：① 小齿轮不产生根切现象；② 传动重合度不小于 1.2；③ 大小轮齿根相对滑动系数相差不大；④ 齿轮接触强度尽量大；⑤ 大小轮齿根厚度基本相同，接近等弯曲强度；⑥ 齿顶厚大于 $0.25m$；⑦ 大小轮齿顶与齿根过渡曲线不能产生啮合干涉。

计算程序执行过程说明如下。

（1）输入齿轮传动的基本参数 z_1、z_2、m、α、h_a^*、c^* 和齿顶厚限制因数。

（2）给定变位齿轮常用啮合角范围的最小值和最大值：$\alpha'_{min} = 15°$，$\alpha'_{max} = 28°$。

（3）程序估算出小齿轮不根切的最小变位系数 $x_{1min} = 0.298$，齿顶变尖限制的最大变位系数大致为 $x_{1max} = 0.543$（未考虑齿顶高变动因数影响）；按啮合角估算的合理中心距 a 取值范围是 97～106 mm；考虑要使齿轮获得较大的接触强度，即中心距应较大，同时又要保证重合度不小于 1.2，暂取实际中心距 $a' = 104$ mm，计算出的重合度为 $\varepsilon_a = 1.257$。

（4）考虑到重合度还有富余，为增加接触强度，进一步将实际中心距调整为 $a' = 104.4$ mm，计算得 $\varepsilon_a = 1.235$。注意：至此传动的重合度大小基本确定，随后参数 x_1 调整中，重合度仅可能会减小，但变化幅度不会太大。

（5）计算程序给出的小齿轮变位系数初值 $x_1 = 0.421$，计算出的 $x_2 = 0.486$，$x_1 + x_2 = 1.008$。在此基础上经调整小轮变位系数至 $x_1 = 0.667$，算出 $x_2 = 0.341$，计算出的重合度为 $\varepsilon_a = 1.202$。

（6）从图 6-12 中可以看出小齿轮未根切，传动重合度满足要求。大小齿轮齿根厚度相差不大，齿顶厚远大于 $0.25m$；大小齿轮齿根相对滑动系数接近，且小齿轮小于大齿轮（考虑到小齿轮啮合次数较多）；大小轮齿顶齿根啮合不会发生过渡曲线干涉。从配对齿形外形上看，外观饱满、体型匀称、轮廓优美。

例 6-2　已知某机床一对变位齿轮的基本参数，$z_1 = 21$、$z_2 = 33$、$m = 2.5$、$\alpha = 20°$、$h_a^* = 1$、$c^* = 0.25$，试确定其大小轮的变位系数 x_1 和 x_2。要求：① 传动重合度不小于 1.25；② 大小轮齿根相对滑动系数相同；③ 齿轮接触强度尽量大；④ 齿顶厚大于 0.25 m；⑤ 大小齿轮齿顶与齿根过渡曲线不能产生啮合干涉。

计算程序执行过程说明如下。

（1）输入基本参数后，得正传动中心距推荐可用范围是 67.5～71 mm（67.5 mm 是标准传动

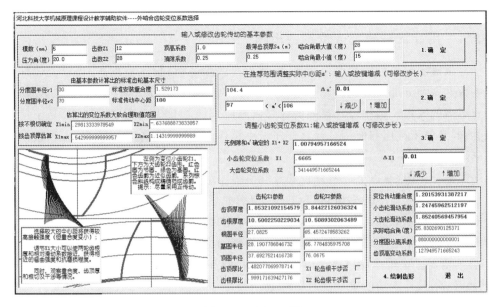

图 6-12 例 6-1 图

中心距,可见中心距的可选范围很有限)。初选实际中心距为 70 mm,计算得到重合度为 1.33。

（2）考虑到尽量提高接触强度,应采用较大的中心距,重合度又不致下降过多,调整中心距初值到 70.5 mm,重合度变为 1.268。

（3）计算程序推荐的小齿轮的变位系数为 $x_1 = 0.3408$,进一步在 $x_{1min} \sim x_{1max}$ 之间进行调整到 $x_1 = 0.6454$,得最终设计结果如图 6-13 所示,结果显示传动重合度满足要求（还略有富余）,大小齿轮齿根相对滑动系数十分接近,大小齿轮齿顶厚和齿根厚相差不大,关键是传动接触强度基本达到最大。

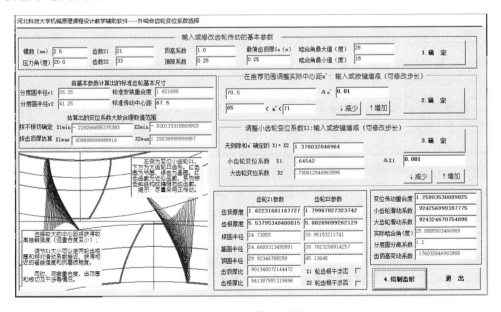

图 6-13 例 6-2 图

可以看出,用此计算法确定变位齿轮变位系数,过程简单、快速、数据准确、图文并茂,是一种方便实用的好方法。

6.2.4 用计算法确定变位系数小结

用计算法确定变位齿轮的变位系数，经教学实践验证，结果比较理想，可以说较好地解决了变位系数选取和分配的难题。此方法求解顺序构思精巧，不仅简单、快捷、形象直观，而且不需要补充更多的知识。编程所计算的内容与机械原理课堂教学内容联系紧密，易于使用者理解和接受，非常便于推广和使用。计算程序短小精悍，免去了准备大量的图、表和数据等参考资料的麻烦。

程序实际操作中，有以下一些常识和经验值得注意。

（1）标准齿轮传动中的小齿轮，齿数少、齿廓曲率半径和齿根厚度等均低于大齿轮，而齿廓的齿根相对滑动系数又高于大齿轮，且参与啮合次数又多。实际应用中，变位除了用于避免小齿轮根切或配凑中心距之外，还可以改善齿轮传动性能，尤其是对于正传动（即变位系数之和 $x_\Sigma > 0$）的情况。正传动可以提高齿轮传动的接触和弯曲强度，还能提高抗磨损和抗胶合能力等，优点较多，只是传动的重合度有所降低。

（2）在计算程序执行过程中，需要设计者自定和调整的参数为实际中心距 a' 和小齿轮的变位系数 x_1。在一般尺寸参数条件下，传动重合度受中心距 a' 影响最大，它随 a' 增大而减小。一旦实际中心距 a' 确定后，重合度大小就基本确定。变位系数 x_1 的调整对重合度有影响，但重合度改变幅度不会太大。

（3）常用的闭式齿轮传动中，一般齿轮主要失效形式为齿面节点附近的点蚀。确定变位齿轮参数时应选取尽可能大的中心距 a'，也即尽量增大啮合角或 x_Σ，以便增大节点处的综合曲率半径，减小接触应力，提高接触强度。但是，重合度会随中心距的增加而减小，过大的中心距反而会降低齿轮传动的平稳性和齿轮机构的承载能力。在实际操作中，为提高接触强度采用正传动，选用较大的实际中心距 a' 初值，一般控制重合度略大于 1.2 为宜。

（4）影响齿轮弯曲强度的因素很多，此处不便展开讨论。主从动齿轮等弯曲强度不能简单等同为两轮齿根等厚度。仅在计入啮合齿间摩擦时，主动齿轮齿根弯曲应力就会有所增大（大约 10%），从动轮则有所减小。特别是增速传动中，主动齿轮齿数较多，影响更大，必须应予考虑。

通常的齿轮传动减速较多，主动齿轮齿数少，弯曲强度较差，按经验推荐变位系数选择较理想的结果是：能使主动齿轮的齿根厚达到从动齿轮齿根厚的 1.1 倍左右，同时使主动齿轮的齿顶厚不低于从动齿轮齿顶厚的 0.7～0.8（极限情况为 0.5）。实际设计时一般不易达到，但可以通过变位趋近，使大小轮接近等弯曲强度，如图 6-14 所示。

（5）经实际计算验证，一般常用变位齿轮传动实际啮合角的范围为 15°～28°，超出这个范围的齿形通常较为怪异，相对体型过于"瘦高"或"矮胖"，其齿轮传动质量和齿轮力学性能可能往往较差。

（6）设计变位齿轮的过程属确定多变量设计过程，选择实际中心距 a' 作为设计变量是本算法最主要特征之一，a' 初值的确定和调整都较方便。一般变位齿轮多用正传动，a' 取值范围在标准中心距（由最大啮合角确定）与最大中心距之间，取值范围并不大。如例 6-1 中实际中心距 a' 在 100～106 mm 之间。如果再考虑 a' 过大受重合度的限制，过小又不足以体现变位齿轮特点的话，实际中心距的取值范围将会更小。选择中心距作为设计变量是十分明智的，也是

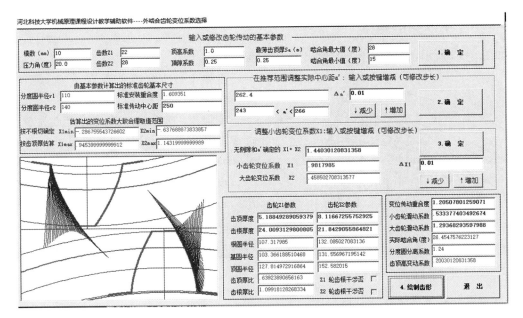

图 6-14　计算法确定变位系数

可行的。

（7）对高速重载的齿轮传动，还容易产生胶合失效。所以，传动中除了在润滑方面采取强化措施外，为提高抗磨损能力，在降低齿面间接触应力的同时，一般还可以调节 x_1，使大小齿轮的齿根相对滑动系数接近。

（8）对于采用高度变位的齿轮传动，因其大小齿轮变位系数之和 $x_\Sigma = 0$，可设定其实际中心距为标准中心距。然后以齿根弯曲强度较低的齿轮根厚度增大，或以齿根相对滑动系数接近等为目标，设计过程仅需选定单一参变量即变位系数 x_1 初值，并进行增减调整即可，设计过程将很简单。

（9）采用变位齿轮虽然可以从多方面改善齿轮传动质量和性能，但往往不能所有方面同时得到满足和改善，有些方面的要求甚至是相反，或是互相矛盾的。所以，需要综合考虑各项要求，寻找关键项目，优先满足基本要求，再权衡各项指标，兼顾其他要求，制订合理的改善方案，选取最有利的变位系数。

（10）对于斜齿圆柱齿轮传动，生产中多用标准斜齿轮，通过改变螺旋角可以方便配凑中心距。虽然斜齿轮也能采用角度变位来提高接触强度，但是随变位量增加，在综合曲率半径增大的同时，又会使齿轮总接触线长度缩短，反而降低承载能力，故总效果不明显。采用高度变位调节滑动系数来提高齿轮的抗胶合能力还是可取的。

（11）内啮合圆柱齿轮变位一般不能像外啮合齿轮那样显著提高强度。通常内啮合齿轮的变位多是为了避免加工时的顶切或啮合时的干涉等。

6.3　齿轮啮合图的绘制

齿轮啮合图是将齿轮各部分尺寸按一定的比例尺在图样上画出，可以表达轮齿啮合关系的一种图形，它直观地显示了一对齿轮的啮合特性和啮合参数，并可用来作某些必要的分析。

6.3.1　渐开线的画法

如图 6-15 所示，根据渐开线的形成原理，绘制步骤如下。

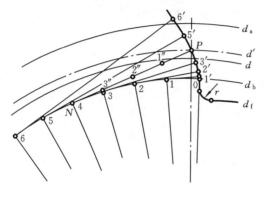

图 6-15　渐开线的绘制

步骤 1　计算出各圆直径 d_b、d、d'、d_f、d_a，画出相应的各圆。

步骤 2　连心线与节圆的交点为节点 P，过 P 点作基圆的切线，与基圆相切于 N 点，则 $\overline{NP}$ 为理论啮合线上的一段。

步骤 3　将 $\overline{NP}$ 线段分成若干等份，即 $P1''$，$1''2''$，$2''3''$，…

步骤 4　由渐开线特性，弧长 $N0 = \overline{NP}$，因弧长不易测量，可按

$$\overline{N0} = d_b \sin\left(\frac{\overline{NP}}{d_b}\frac{180°}{\pi}\right)$$

计算，按此弦长在基圆上找到 0 点。

步骤 5　将基圆上的弧长分成与线段 $\overline{NP}$ 同样的等份，得基圆上的对应点 1、2、3…。

步骤 6　过点 1、2、3…作基圆的切线，并在这些切线上分别截取线段 $\overline{11'} = \overline{1''P}$、$\overline{22'} = \overline{2''P}$、$\overline{33'} = \overline{3''P}$…，得 1'、2'、3'…各点。光滑连接 0、1'、2'、3'…各点而得到的曲线，即为齿廓上节圆以下部分的渐开线。

步骤 7　将基圆上的分点向左延伸，得出 5、6、…各点，取 $\overline{55'} = 5 \times \overline{1''P}$，$\overline{66'} = 6 \times \overline{1''P}$，可得节圆以上渐开线各点 5'、6'…，直至画过齿顶圆为止。

步骤 8　当 $d_f < d_b$ 时，将基圆以下一段齿廓取为径向线，在径向线与齿根圆之间，以 $r = 0.2m$ 为半径画出过渡圆角；当 $d_f > d_b$ 时，在渐开线与齿根圆之间直接画出过渡圆角。

6.3.2　啮合图的绘制步骤

步骤 1　选取适当的比例尺 μ_1(mm/mm)，使齿全高在图样上有 30～50 mm 为宜。定出齿轮的中心 O_1、O_2。如图 6-16 所示（这里只绘制齿轮 2 的齿廓），分别以 O_1、O_2 为圆心，作基圆、分度圆、节圆、齿根圆、齿顶圆。

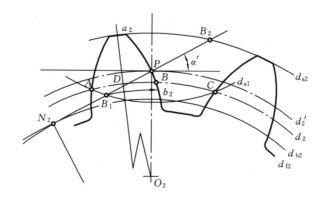

图 6-16　齿轮啮合图绘制

步骤2 画出两齿轮基圆内的公切线,它与连心线$\overline{O_1O_2}$的交点为节点P,P点又是两节圆的切点,基圆内的公切线与过P点的节圆切线间的夹角为啮合角α',其值应与由无侧隙啮合方程式计算之值相符。

步骤3 过节点P分别画出两齿轮在顶圆与根圆之间的齿廓曲线。

步骤4 按已算得的齿厚s和齿距p,计算对应的弦长$\bar{s}$和$\bar{p}$,即

$$\bar{s}=d\sin\left(\frac{s}{d}\times\frac{180°}{\pi}\right)$$

$$\bar{p}=d\sin\left(\frac{p}{d}\times\frac{180°}{\pi}\right)$$

按$\bar{s}$和$\bar{p}$在分度圆上截取弦长得A、C点,则$\overline{AB}=\bar{s}$,$\overline{AC}=\bar{p}$。

步骤5 取$\overline{AB}$中点D,连O_2、D两点,O_2D为轮齿的对称线。用描图纸描下对称线的右半部分齿廓,以此为模板画出对称的左半部分齿廓及其他相邻的3~4个轮齿的齿廓。另一齿轮的绘制方法相同。

步骤6 作出齿廓工作段。B_2为起始啮合点,B_1为终止啮合点,以O_2为圆心,以$\overline{O_2B_1}$为半径作圆弧交齿轮2的齿廓于b_2点,则从b_2点到齿顶圆上a_2点间的一段为齿廓工作段。同理可绘制出齿轮1的齿廓工作段。

步骤7 对于要求画出两齿轮啮合过程中的滑动系数变化曲线的齿轮啮合图,可按下述方法绘制。

滑动系数计算公式为

$$u_1=1+\frac{z_1}{z_2}\left(1-\frac{l}{l_x}\right) \tag{6-16}$$

$$u_2=\frac{z_1}{z_2}+\left(1-\frac{l}{l-l_x}\right) \tag{6-17}$$

在$\overline{N_1N_2}$线段上,按计算出的值取点B_1、P、B_2,自N_1点量起,按适当的间距取l_x值,按式(6-16)、式(6-17)计算出对应于不同l_x的各位置处两轮齿面的滑动系数u_1和u_2,画出如图6-17所示的滑动系数曲线图。

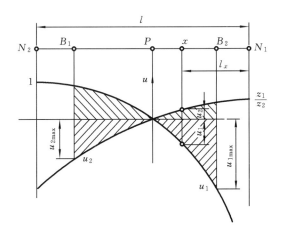

图6-17　滑动系数曲线

一般情况下,轮齿的齿廓工作段上的最低点具有绝对值最大的滑动系数,其值为

$$u_{1max} = 1 + \frac{z_1}{z_2}\left(1 - \frac{l}{N_1 B_2}\right)$$

$$u_{2max} = \frac{z_1}{z_2} + \left(1 - \frac{l}{B_1 N_2}\right)$$

在啮合图上直接量取 l、$\overline{N_1 B_2}$、$\overline{B_1 N_2}$，代入上式即可算出 u_{1max}、u_{2max}。

图 6-18 所示为一对齿轮啮合图例，其中基本参数为 $m = 5$ mm，$z_1 = 12$，$z_2 = 28$，$\alpha = 20°$，$h_a^* = 1$，$c^* = 0.25$，$\beta = 0°$，$x_1 = 0.55$，$x_2 = 0.45$。

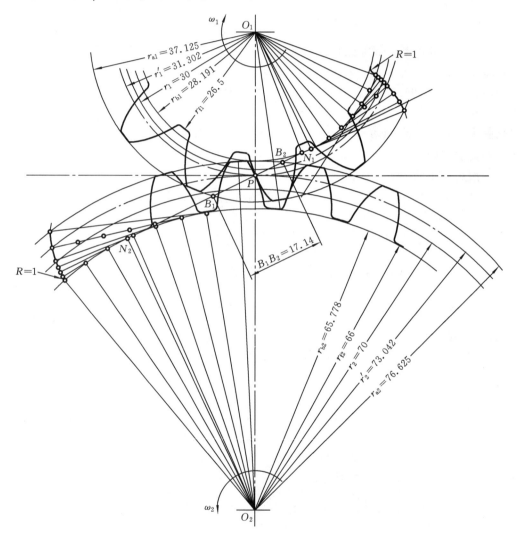

图 6-18　一对变位齿轮的啮合图

6.4　设计带有直线或圆弧段连杆曲线铰链四杆机构的实用方法

6.4.1　产生对称连杆曲线的铰链四杆机构

用连杆机构产生带有一段圆弧或直线轨迹的连杆曲线，在实际生产中具有很高的实用价值。选用可以产生对称连杆曲线的连杆机构来实现它，往往可以获得很高的精度。铰链四杆机构可以产生完全对称的连杆曲线,它只需满足杆长条件 $b=c=e$ 即可,如图 6-19 所示。

该类机构还具有以下特点。

(1) 连杆曲线的对称轴为 $B_0 M_2 M_1$,当曲柄与机架拉直和重叠共线时,对应的连杆点 M 处于连杆曲线的对称点 M_1 和 M_2。

(2) 从 B_0 点看曲柄 a 轨迹圆的视角与由该点看连杆曲线的视角相等,均为 2θ(注:$\sin\theta=a/d$)。

(3) 连杆曲线在对称点 M_1 和 M_2 处与对应的曲率圆之间至少为四阶密切,利用这个特点可以使连杆曲线满足给定曲率半径的解具有很高的精度。

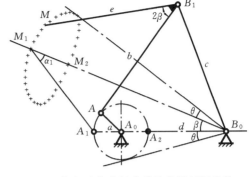

图 6-19　产生对称连杆曲线的铰链四杆机构

6.4.2 节给出的机构参数间一组简明的解析式和几何关系,使铰链四杆机构连杆曲线在对称点 M_1 和 M_2 处满足曲率半径和传动角要求,无论用于计算还是进行图解,均可以方便快速地设计出较理想的机构,而且可以获得极高的精度。

6.4.2　机构参数与对称连杆曲线曲率半径之间的关系

1. 机构参数与对称连杆曲线曲率半径和传动角之间的几何关系

对图 6-19 所示的铰链四杆机构 $A_0 A_1 B_1 B_0$,设 $\angle M_1 B_0 A_1=\beta$,且 2β 为连杆上刚体 $B_1 M$ 与连杆 AB_1 间的夹角。$\angle A_1 M_1 B_0=\alpha_1$,若 $2\alpha_1 \leqslant 90°$,$2\alpha_1$ 恰好等于以曲柄为原动件、连杆点 M 位于连杆曲线上另一点 M_1 时机构的传动角;若 $2\alpha_1 \geqslant 90°$,则机构的传动角为 $180°-2\alpha_1$。对于连杆点 M 位于连杆曲线上另一中点 M_2 时,也有相似结论。

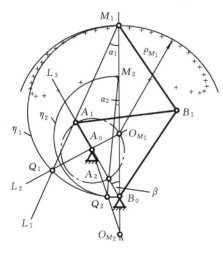

图 6-20　连杆曲线对称轴上 M_1、M_2 点的曲率中心

如图 6-20 所示,连杆曲线上中点 M_1、M_2 的曲率中心与机构参数存在以下重要的几何关系。

(1) 设 $B_0 M_1=H_1$,以 H_1 为直径作圆 η_1。

(2) 按给定传动角 α 选择角度:$\alpha_1=\alpha/2$。从 M_1 点作直线 L_1 与圆 η_1 交于 Q_1 点。

(3) 从 Q_1 点作任意直线 L_2 得与对称轴 $B_0 M_1$ 的交点 O_{M_1},即为连杆曲线 M_1 点的曲率中心。

(4) 考虑机构的类型或实际需求确定 β 角,从 B_0 点作直线 L_3 与直线 L_1 交于 A_1 点,与直线 L_2 交于 A_0 点。

(5) 由于 $b=c=e$,所以点 M_1、A_1、B_0 共圆,其圆心即为铰链点 B_1。

结果如下。

曲柄长 $a=\overline{A_0 A_1}$,机架长 $d=\overline{A_0 B_0}$;其余杆长:$b=c=e=\overline{A_1 B_1}=\overline{B_0 B_1}=\overline{B_1 M_1}$。

$\overline{A_0 A_1}$、$\overline{A_0 A_2}$ 分别为曲柄与机架拉直和重叠共线时的位置,对应连杆点 M 则分别位于连杆曲线上的中点 M_1、M_2。

另外,以 $\overline{B_0 M_2}$ 为直径作圆 η_2,从 M_2 点作直线连接 M_2、A_2 并延长,交圆 η_2 于 Q_2 点,再连接 A_0、Q_2 并延长,交对称轴 $\overline{M_2 B_0}$ 于 O_{M_2} 点,O_{M_2} 点即为连杆曲线上 M_2 点的曲率中心。

2. 机构参数与对称连杆曲线曲率半径和传动角之间关系的解析表达

经分析,机构的几何参数与连杆曲线的曲率半径之间的关系满足

$$\left(\frac{1}{d\pm a}-\frac{1}{d}\right)\cos\alpha_1=\left(\frac{1}{H_1}-\frac{1}{H_1\pm\rho_{M_1}}\right)\cos(\alpha_1+\beta) \tag{6-18}$$

另外由正弦定理知:

$$\frac{d\pm a}{\sin\alpha_1}=\frac{H_1}{\sin(\alpha_1+\beta)} \tag{6-19}$$

联立上两式,得

$$\frac{d}{a}=\left|\frac{H_1}{\rho_{M_1}}\pm 1\right|\frac{\tan(\alpha_1+\beta)}{\tan\alpha_1} \tag{6-20}$$

另外有

$$b=\frac{d\pm a}{2\sin\alpha_1} \tag{6-21}$$

式中正负号的选择如下:对于 $d\pm a$,当 $H_1/\rho_{M_1}>1$ 时取"＋"(此时曲柄与机架拉直共线),反之取"－"(曲柄与机架重叠共线);对于"±1",当 M_1 点处连杆曲线的曲率中心 O_{M_1} 在靠近 B_0 时取"－"(连杆曲线向下弯曲),反之取"＋"。

如果想获得含有直线段的对称连杆曲线,可将式(6-20)变化为

$$\frac{d}{a}=\frac{\tan(\alpha_1+\beta)}{\tan\alpha_1} \tag{6-22}$$

6.4.3　示例

例 6-3　设计一曲柄摇杆机构,取参数: $\alpha_1=25°,\beta=30°,H_1=90,\rho_{M_1}=60$。

解　如图 6-20 所示,用上述几何原理作图,得解

$$A=18.342\ 3,\quad d=28.089\ 6,\quad b=c=e=54.935$$

同时作出对应连杆点处于 M_2 时连杆曲线的曲率中心 O_{M_2}。再考虑到从 B_0 点看连杆曲线的视角因素,机构连杆曲线的形态大致可以判定。图 6-20 中的连杆曲线是在计算机上对机构进行模拟仿真的结果,轨迹点 36 个(对应曲柄转 10°为 1 点)。可以看出,轨迹点与曲率圆 ρ_{M_1} 的密切程度相当好。

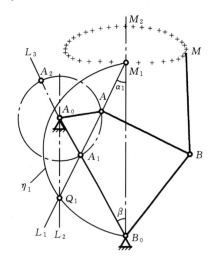

图 6-21　带有直线段连杆曲线的机构

例 6-4　如图 6-21 所示,取与例 6-3 相同的基本参数,即 $\alpha_1=25°,\beta=30°,H_1=90$,设计带有一直线段连杆曲线的铰链四杆机构。

解　(1) 作对称轴 $\overline{M_1B_0}=H_1$,以 H_1 为直径画圆 η_1。

(2) 过 M_1 点作与对称轴夹角为 α_1 的直线 L_1,得到与圆的交点 Q_1。

(3) 过 Q_1 点作与对称轴平行的直线 L_2。

(4) 从 B_0 点作与对称轴夹角为 β 的直线 L_3,得到与直线 L_1 的交点 A_1 和与直线 L_2 的交点 A_0,得解: $a=22.51,d=68.94,b=54.935$。

图 6-21 所示的连杆曲线是在计算机上模拟仿真的结果。实际上将 β 角增大(如使 $\beta=90°$),使 A_1 点落在 A_0 点的另一侧,还可以得到更长的直线段(例 6-4 只是

考虑到要说明此方法的广泛适用性,故采用了与例 6-3 相同的基本参数)。

例 6-5　设 $\alpha_1 = 30°, \beta = 45°$,使机构在曲柄与机架拉直共线时连杆上 M 点的轨迹满足 $H_1/\rho_{M_1} = 1.5$,采用计算法求解该铰链四杆机构。

解　(1) 用式(6-20)计算可得 $d/a = 3.232$;

(2) 用式(6-21)计算可得 $b/a = 4.232$;

(3) 若取 $a = 20$,则得 $b = c = e = 84.641, d = 64.641$;

(4) 由式(6-18)可求得 $H_1 = 163.51$。

计算结果满足题设条件,读者可以自行作图验证。

从解题过程可以看出,实现同一曲率半径和传动角的机构可以有无穷多个,机构其他基本参数可选范围大,所以设计者比较容易得到自己理想中的机构。

第7章 基于 UG NX 12 软件的铰链四杆机构运动仿真实例

7.1 在 UG NX 系统中创建铰链四杆机构的三维模型

7.1.1 创建铰链四杆机构各构件

1. 连杆三维构件的创建

步骤 1 打开 UG NX 软件,点击"新建"按钮,弹出"新建"窗口,如图 7-1 所示。在"新建"窗口中点击"模型"选项卡,将默认名称改为"连杆"(注:UG12 支持汉字文件名),再选择好文件要存储的文件夹,然后点击"确定",随即出现 UG12 的主界面和一个新的"连杆.prt"图形窗口,如图 7-2 所示。

图 7-1 "新建"窗口

步骤 2 在图 7-2 所示的图形窗口上部的菜单栏中,选择"主页"菜单,再点击"草图"按钮,弹出"创建草图"窗口,如图 7-3 所示。在此窗口中,有多种创建草图的选项,本例"草图类型"选择"在平面上","草图坐标系"的各种选项如图 7-3 所示,在"指定坐标系"中选择自动判断,绘图区的中部有一彩色坐标系会自动选择其中的 XOY 平面,选中的平面有一个蓝框并加深表示,然后点击"确定"按钮,"创建草图"窗口关闭。系统会将 XOY 平面自动翻转向电脑屏幕的绘图窗口,以便于设计者绘制草图,窗体上方随即出现草图工具条,便于设计者选择各种绘图工具的按钮。

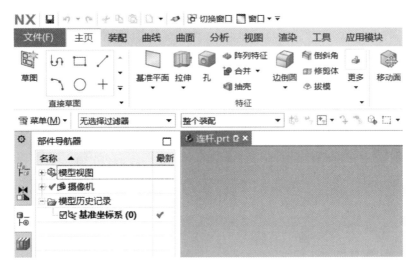

图 7-2 UG12 主界面和新建的"连杆.prt"图形窗口

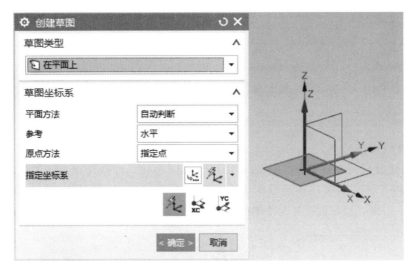

图 7-3 选择草图平面和创建草图

步骤 3 绘制草图。利用草图工具条上的工具按钮绘制如图 7-4 连杆草图,点击"确定"按钮。草图平面恢复到非编辑状态,但一般还保持平行于显示屏幕状态显示。

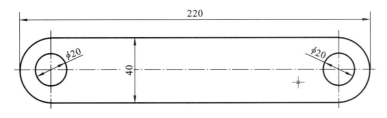

图 7-4 绘制的连杆草图

步骤 4 拉伸成形。点击绘图窗格顶端工具条上的"拉伸"按钮,弹出"拉伸"对话框。点击第一栏"表区域驱动"需执行的第一个任务是"选择曲线",用鼠标选择绘制好的草图曲线,选择完成后,"选择曲线"栏目文字后的括号内会显示出所选曲线的条数,该栏目"方向"按系统自动生成的值设定,不用修改。在第三栏"限制"栏中,"距离"文本框中输入 25,在此窗体最下一栏中点击勾选"预览"复选框,就会出现如图 7-5 所示立体图像,点击"确定"按钮,就完成了拉伸操作,形成连杆的三维造型。

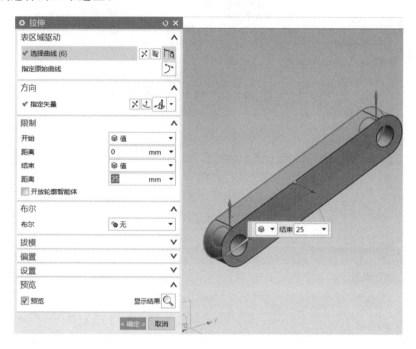

图 7-5　拉伸操作

2. 创建曲柄构件

曲柄的创建过程与上述连杆构件的创建过程大同小异。连杆体草图的基本形状尺寸如图 7-6(a)所示。连杆体在后续建模造型中要从曲柄两端不同方向分别拉伸出一个直径 20 mm、长 30 mm 的小短轴,这就需要在连杆体的上、下两个双圆头平面上分别建立草图平面并绘制

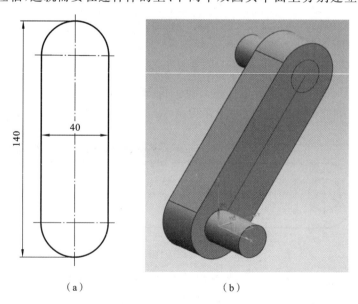

　　　(a)　　　　　　　　　　　　(b)

图 7-6　曲柄体草图和经过三次拉伸生成的连杆模型

草图,通过分别拉伸这两个小草图生成小短轴,最终的曲柄模型如图 7-6(b)所示。

3. 机架及摇杆构件的创建

创建的机架和摇杆的草图基本形状分别如图 7-7 和图 7-8 所示。

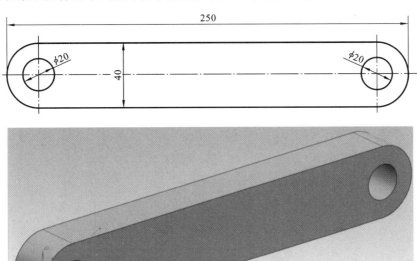

图 7-7　机架草图及生成的三维模型

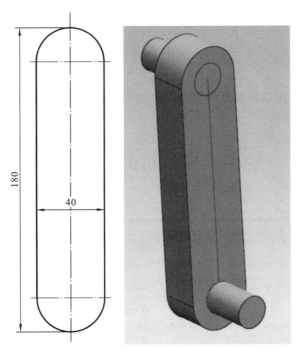

图 7-8　摇杆草图及生成的三维模型

7.1.2　创建铰链四杆机构的装配体

创建铰链四杆机构的装配体需要重新创建一个装配窗口。在图 7-1 所示的"模型"选项卡中，"模板"选择第二项"装配"，在"新文件名"栏中，将文件名称改为"连杆机构装配 1"，点击"确定"按钮，生成一个装配体文件。然后调用上述已创建好的零件，一般先调用机架，施加约束将它设为固定件，再依次调用曲柄、连杆和摇杆等零件，利用约束关系（一般运用孔轴的同心约束关系）将各个零件首尾相接并装配到位，形成一个铰链四杆机构的装配体，如图 7-9 所示，最后保存好这个文件。

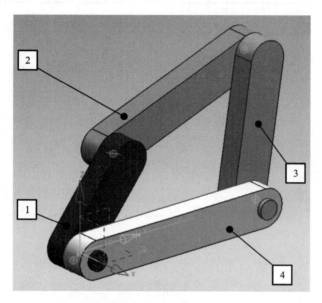

图 7-9　连杆机构三维装配模型
1—曲柄；2—连杆；3—摇杆；4—机架

详细的三维零件装配步骤因篇幅有限这里就不再叙述了，读者需要了解详细的操作步骤时，可参考专门的 UG 书籍。

7.2　模型运动分析前处理工作及设置

7.2.1　创建连杆

打开预先由 UG NX 软件的建模功能模块创建的装配模型，如图 7-9 所示。

本例装配主模型的名称为"连杆机构装配 1"，各构件的长度参数如下：

1 号件曲柄，长 100 mm；2 号件连杆，长 180 mm；3 号件摇杆，长 140 mm；4 号件机架，长 210 mm。

创建步骤如下。

步骤 1　进行运动仿真模块预设置。

（1）进行运动仿真及环境设置。在 UG 主界面上方的工具条选项卡中点击"应用模块"选项卡，单击该选项卡中"仿真"组里面的"运动"按钮，此时上部工具条的"主页"选项卡会变为运动仿真的界面。在 UG 主界面的左侧窗口中会出现标签为"运动导航器"的侧边栏，在此栏内

NX 会自动创建一个与模型名称相同的目录"连杆机构装配 1",如图 7-10 所示。在该目录的名称栏里的"连杆机构装配 1"名称上单击鼠标右键,弹出"新建仿真"快捷菜单,单击该菜单,出现"新建仿真"对话框,如图 7-11 所示,在此对话框中可设置仿真文件名称和文件保存位置,本例使用其默认名称"连杆机构装配 1_motion1.sim"。点击该对话框的"确定"按钮,即生成一个仿真文件,同时此文件已被 UG 系统打开,在主界面的图形显示窗口会出现一个新窗口。该窗口的标签为"(仿真)连杆机构装配 1_motion1.sim",该窗口出现的同时,会马上弹出"环境"对话框,用于进行环境的基本设置,如图 7-12 所示。在"分析类型"栏点选"运动学","组件选项"栏勾选"基于组件的仿真"复选框,

图 7-10 运动导航器

"运动副向导"栏勾选"新建仿真时启动运动副向导",点击"确定"按钮,会弹出"机构运动副向导"对话框,如图 7-13 所示。在此对话框中可将创建装配组合体时使用的约束映射至运动副,选择对话框中"机架->曲柄|MAPP001(Revolute)"项,点击"切换至激活状态"按钮,使该约束在仿真文件中被激活。依次按此方法激活所有约束,最后点击该对话框的"确定"按钮,此时在侧边栏"运动导航器"的目录"连杆机构装配 1_motion1"下会出现一新的下级子目录,其名称为"连杆机构装配 1"。

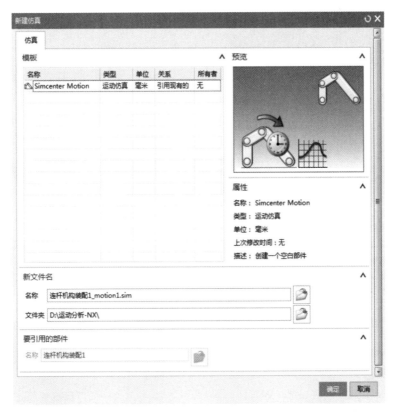

图 7-11 "新建仿真"对话框

图 7-12 "环境"对话框

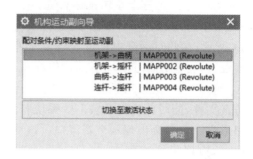

图 7-13 "机构运动副向导"对话框

（2）进行运动首选项设置。点击 UG 主界面工具栏中的"文件"选项卡，此时弹出的是下拉菜单，把鼠标放在"首选项（P）"选项上，单击弹出菜单中的"运动（T）…"命令，随后系统弹出"运动首选项"对话框，如图 7-14 所示。

在其"运动对象参数"栏中，建议勾选"名称显示"，"贯通显示"可选可不选。"图标比例"栏

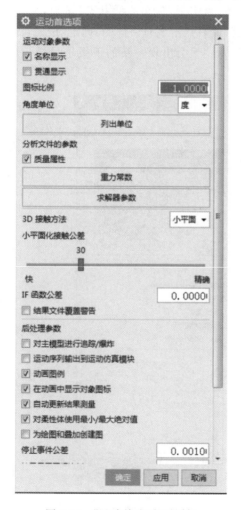

图 7-14 "运动首选项"对话框

图 7-15 "全局重力常数"对话框

中的数字可不用改动,接受默认值 1。"角度单位"选择"度"。当单击"列出单位"按钮时会打开一个信息窗口,该窗口显示了运动仿真中可测量值的单位,但列出的单位不能修改。

在"分析文件的参数"栏,勾选"质量属性",即要考虑构件的质量,否则会导致分析失败。在点击"重力常数"按钮时,会出现"全局重力常数"对话框,如图 7-15 所示。该对话框中系统给出了各项的默认数值,表明默认重力方向是全局坐标系中 z 轴的负方向,重力加速度为 $-9806.65 \, mm/s^2$,如果在建立主装配模型时,设定的重力方向与上述默认方向不同,则需要在此对话框中进行修改。

单击图 7-14 中"求解器参数"按钮会出现求解器参数对话框,主要涉及动力学和运动学分析计算中的积分器类型选择,初始步长、最大步长以及最大迭代次数的设置,这些设置可不进行修改,采用系统的默认值,单击"确定"按钮,退出求解器参数设置。

单击图 7-14 中"确定"按钮,退出运动首选项设置。

步骤 2 创建固定构件(机架)。

在主界面侧边栏中点击运动导航器标签,回到导航器,右键单击"motion_1",弹出右键快捷菜单。选择"新建连杆…"命令,弹出"连杆"对话框,如图 7-16 所示。其中"连杆对象"栏,最初高亮显示为"√选择对象(0)"。当在图形窗口中单击选择装配模型中的一个对象(如选择一个零件)后,这一栏将高亮显示为"√选择对象(1)"。如果实际运动中多个零件固结在一起,像一个整体一样一起运动,即一个构件(连杆)由多个组件构成,那么可在这一栏中选多个零件,同时"√选择对象"后的括号内的数字就发生相应的变化,表示已选择的对象数,图形窗口中被选择的零件都高亮显示。如果发现选错了,可先按住"Shift"键,然后再单击那个想要去除的组件,这个组件就不再高亮显示,对话框中括号内的数字也会相应地自动减小。

图 7-16 "连杆"对话框

在选择对象后,单击第二栏"质量属性选项",该栏展开(再次单击又会缩回),文本框变得可用,本例中是使用有一定形状、体积的三维对象(即零件或组件)作为连杆,所以可单击该栏文本框,在下拉选项中选择"自动",此时第三栏"质量与力矩"中的文本框均不可用。如选择"用户定义"项,此时能通过手工在"质量与力矩"栏中设定质心的位置和质量的用户坐标系,以及绕各坐标轴的转动惯量。

后续的"初始平移速度"和"初始旋转速度"项仅在动力学仿真中需设置,本例不涉及,故不作介绍。

"设置"栏只有一个"无运动副固定连杆"复选框,勾选该项后上面所选组件将成为"固定连杆",即《机械原理》教材中的"机架",本例选择图 7-9 中的 4 号件作为机架。(注:UG 软件中"连杆"的概念相当于《机械原理》教材中的"构件"的概念)。

"名称"栏中,软性系统自动定名为"L001"并反色显示,使用者可根据需要进行变更名称的操作,本例将名称改为"L004"。

单击最下方的"确定"按钮，退出"连杆"对话框。此时左侧的"运动导航器"栏中"连杆机构1"目录下就会同时出现一个下级目录"连杆"，单击"连杆"目录前的"⊞"号，展开该目录，会发现该目录中已有刚新建的固定连杆"L004"，其图标右上角带有符号"⊥"，表示它是"固定"的。

步骤 3　创建其他构件。

在上述新创建的"连杆"目录上单击右键，在弹出的右键菜单中选择"新建…"命令，再次打开"连杆"对话框，在图形窗口单击选择图 7-9 中的 1 号件，1 号件会高亮显示。在"连杆"对话框中，将"质量属性选项"设置为"自动"，取消"设置"栏中"无运动副固定连杆"，接受系统默认的名称"L001"，单击最后的"确定"按钮，此时在运动导航栏中的"连杆"目录中又会增加一个新的活动连杆"L001"。

同理，依据同样的方法，以图 7-9 中的 2 号件创建活动连杆"L002"，以图 7-9 中的 3 号件创建活动连杆"L003"。

7.2.2　创建运动副

在运动导航器栏中，右键单击"连杆机构装配 1_motion1"名称，在弹出的右键菜单中把光标放在"新建运动副"命令上，则会自动弹出一个下级菜单，点击该菜单的"旋转副…"，弹出"运动副"对话框，如图 7-17 所示。

图 7-17　"运动副"对话框

（1）创建连接曲柄与机架的转动副。

此对话框包含三个选项卡，标签分别为"定义""摩擦"和"驱动"。先点击"定义"选项卡，此卡中"类型"栏的文本框显示的是"旋转副"，不用更改；"操作"栏中"选择连杆"项高亮显示，表示用户此时应去模型窗口选择上述已创建的可动连杆。为便于运动副的创建，将模型窗口的显示模式改为"带有淡化边的线框"，然后点选曲柄上用于与机架连接的铰链孔的边沿线，如图7-18所示，将光标靠近该线，该线高亮显示，表示可选，点击该线，则此"运动副"对话框操作栏中各项均变得可用，其中"选择连杆""指定原点"和"指定矢量"三项前面的"＊"变为"√"，"√选择连杆"后面括号内的数字由0变为1。用户可检查一下，所创建的转动副的原点应处于转动中轴线上。"方位类型"的下拉选择框选择"矢量"，其方位是通过原点的一个矢量，矢量的箭头方向关系到转动副转动时的正向定义，两者之间的关系遵循右手定则。设置"指定矢量"项时，在图中选择合适矢量，如果矢量方向不合用户要求则可点击"反向"按钮（即图中形状为 ☒ 的按钮）。由于曲柄组件的这一转动副直接与固定连杆（机架）相连，故此运动副对话框中"底数"栏不用设置。此外，后续的"极限"栏也不用设置，"设置"栏和"名称"栏可接受系统自动给出的数值和名称"J001"。最后，点击"应用"按钮，在运动导航器窗口栏中就会又出现一个子目录"运动副"，单击"运动副"目录前的"＋"号，展开该目录，会发现该目录中已有刚新建的运动副"J001"，即J001运动副创建完成。

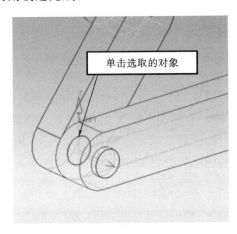

图7-18 选择曲柄上特定对象创建运动副

（2）创建曲柄与连杆之间的转动副。

同理，保持上述运动副对话框打开状态，"定义"选项卡上"类型"栏选项不变，"操作"栏中"选择连杆"项高亮显示，用鼠标左键点选曲柄上用于与连杆连接的铰链孔的边沿线，如图7-19所示。然后，单击"底数"栏中的"√选择连杆（0）"项，使其高亮显示，再用鼠标左键在模型窗口点选"连杆"对象中与曲柄连接的铰链孔的边沿线，则"底数"栏的该选项完成设置（注：由于装配模型中各组件均已处于自己的安装位置，所以不用勾选"啮合连杆"项，此时，"底数"栏中的"指定原点"和"指定方向"项均不可用）。点击"应用"按钮，接受系统给出的运动副名称"J002"并创建该转动副，同时，在运动导航器栏的"运动副"目录中又多出一个转动副"J002"。

（3）使用与步骤（2）相同的方法创建连杆与摇杆之间的转动副J003，具体过程略。

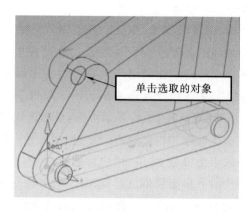

图 7-19　选择连杆上特定对象创建运动副

（4）使用与步骤（1）相同的方法创建摇杆与机架之间的转动副 J004，具体过程略。

7.2.3　定义驱动运动

根据机械原理的相关知识，为进行运动学分析，需为机构模型设定一个原动件，并输入一个已知的运动。在 UG 系统中，运动是施加在运动副上的。本例选 J001 运动副作为驱动副，设置方法如下。

在上述"运动副"目录中选择 J001 运动副，右击该运动副，在弹出的右键菜单中选择"编辑…"命令，重新弹出该运动副的"运动副"对话框，单击该对话框中"驱动"选项卡，其中只有一个"旋转"栏，在"旋转"栏下的文本框中选择"多项式"，此时在文本框下方又会出现四个文本框，分别为"初位移""速度""加速度"及"加加速度"，它们的初始值均为 0，如图 7-20 所示。本例仅在"速度"文本框中通过键盘输入数值 10，单位为°/s，其他文本框保持数值 0 不变，即本例设置曲柄为原动件，运动为匀速转动，转速为 10°/s。点击"确定"按钮，运动导航器中 J001 运动副前的图标上多了一个弯曲的很小的红色双向箭头，说明运动副 J001 定义为原动件，驱动运动设置完毕。

图 7-20　运动副定义驱动

7.3 运行仿真求解工作

在运动仿真导航器中的"连杆机构装配1_motion1"目录名上单击鼠标右键,在弹出的右键菜单上单击命令"新建解算方案…",弹出"解算方案"对话框,如图7-21所示,在其"解算方案选项"栏中有4个文本框,本例设定"解算类型"为"常规驱动",设定"分析类型"为"运动学/动力学",时间设定为36,默认单位为"s"。下面的"步数"设定为72,此处数值设置得越大,仿真计算越准确,但所需时间越长,该数值表示将在所设置的36 s时间段内分72个瞬态位置进行分析和显示,然后勾选"按'确定'进行求解"。

图7-21 "解算方案"对话框

在"重力"栏,"指定方向"项高亮显示,表明系统默认选择了重力方向,此方向在模型窗口中用一个高亮显示的箭头表示,用户如认为可接受此方向则不用修改,其实这个方向就是前述图7-15"全局重力常数"中所设定的重力方向。

后续的"设置"栏和"求解器参数"栏的设定均可接受系统的默认值,不用修改。最后,点击"确定"完成设置,并且系统开始进行仿真计算,随后UG系统会弹出一个"信息"窗口,记录系统计算过程的信息,在运动导航器窗口中会出现"Solution_1"目录,如图7-22所示,该目录记录着"动画""XY-作图"和"载荷传递"等项的计算结果。

图 7-22　运动仿真求解显示

7.4　后处理工作

在后处理阶段，系统的运动仿真模块可根据解算其输出的数据文件生成动画或图表文件。

图 7-23　"动画"对话框

7.4.1　生成动画

在主窗口上部的工具条选项卡区单击"分析"选项卡，在出现的选项卡中找到"运动"栏，点击"动画"命令按钮下方的黑三角按钮▼，在弹出的下拉菜单中，点选"动画"命令，调出"动画"对话框。如图 7-23 所示，其"滑动模式"文本框有两个选项，即时间（秒）和步数，本例接受系统默认的选项——时间（秒）。

单击滑动条下的播放工具条上的播放按钮▶，在模型窗口中系统就会根据仿真计算的结果模拟出机构运动动画效果，同时上部的滑动条上的滑块也会做相应滑动。利用播放工具条还可实现仿真运动动画的单步向前或向后播放，以及暂停或停止操作。

在"动画延时"滑动条上拖动滑块可实现减慢动画播放速度，以便于仔细观察。"播放模式"项有三个按钮,它们是"播放一次""循环播放"以及"往返播放",用户可根据需要进行选择使用。单击"关闭"可关闭"动画"对话框。

7.4.2 生成图表

实际上,在运行仿真结束之后就可以用 UG 软件的图表功能生成电子表格数据库并绘出选定的运动副或连杆的位移、速度和加速度以及力的仿真结果图形,将其显示在 UG 图形窗口或电子表格 Microsoft Excel 中,本例操作步骤如下:

1. 创建以时间为横坐标的运动线图

(1) 操作方法:单击窗口上部菜单栏中的"分析",在其命令功能区中的运动区点击"XY 结果"按钮 ∕（如在命令功能区看不到此按钮,可右键单击工具条,在下拉菜单中的最下方选择"定制…"命令,在弹出的窗口的"命令"选项卡中找到"XY 结果",将其拖至"分析"工具条中,以方便使用),然后在左侧窗格的"运动导航器"栏中点击"名称"栏中需要分析的对象,本例中可供选择的对象有连杆和运动副(注:图形中绘有标记点的也可以选择,本例未绘制标记点),如图 7-24 所示,本例中点击选择 J003 运动副,则在"XY 结果视图"栏中出现 J003 旋转副。可用于 Y 轴显示的参数主要分为两类:"绝对"类和"相对"类。每类参数均有"位移""速度""加速度"和"力"四种运动参数,本例先分析位移。点击"位移"前的按钮 ⊞,出现可进行绘图的诸多位移参数,如"幅值""X""Y""Z"等,本例欲选择"幅值"数据做 Y 轴数据,则只需用鼠标右键点击"幅值",在弹出的命令菜单中点击"绘图"命令,如图 7-24(b)所示,系统弹出"查看窗 …"选择框,如图 7-25 所示。在该选择框内,左侧按钮的功能是"用光标选择查看窗口",中间按钮

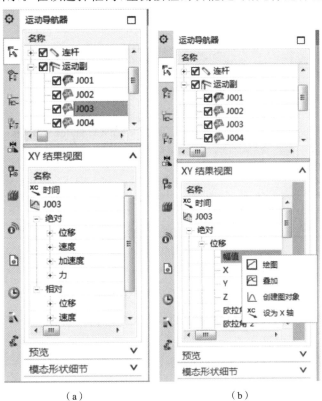

(a)   (b)

图 7-24   图表对话框

的功能是"新建窗口"，右侧按钮的功能是"取消"，本例选择中间按钮，则弹出"图形窗口 1"窗口，如图 7-26 所示。该图反映的是旋转副 J003 中心标记点的绝对位移（Y 坐标）随时间（X 坐标）的变化规律，即为 J003 旋转副的位移线图。

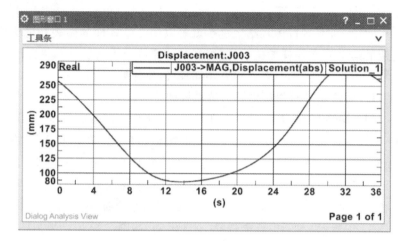

图 7-25 "查看窗…"选择框   图 7-26 "图形窗口 1"窗口

同理，在侧边栏"运动导航器"的"XY 结果视图"栏单击"J003"名称下的"绝对"类参数中的"速度"名称前的按钮 ⊞，在弹出的下拉目录中选择"速度"目录名，在弹出的菜单中点选"绘图"，在弹出的"查看窗…"选择框中点击左侧按键，选择"用光标选择查看窗口"，选择图形窗口则会生成"图形窗口 2"，如图 7-27 所示。在该窗口右下角的文本会有不同显示，一般本例显示会变为"Page 2 of 2"，该图反映的是旋转副 J003 中心标记点的绝对速度线图。

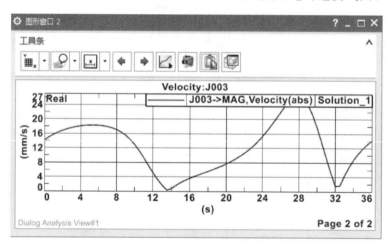

图 7-27 "图形窗口 2"窗口

用类似的方法，在侧边栏"运动导航器"的"XY 结果视图"名称"J003"下的子目录中的"绝对"目录名中右键点击"加速度"，点击弹出的菜单中的"绘图"命令，就可以在新建或旧有窗口中看到旋转副 J003 中心标记点的绝对加速度线图，本例不再给出此图。

（2）保存图形的方法。

为了方便查阅上述生成的运动线图，可以在仿真文件中生成图形对象并保存，具体操作方法是：接续上述操作，在"XY 结果视图"栏单击"J003"名称下的"绝对"类参数中的"速度"前的

"$\boxplus$"号，右键点击选择"位移"，在弹出的菜单中点选"创建图对象"，则在"运动导航器"窗口的"名称"栏中的"连杆机构装配1"→"Solution_1"→"结果"目录中，"XY-作图"目录下出现一行新的对象"$\int$ J003->MAG，Displacement(abs)"，如图7-28所示，这就是运动副J003的位移线图对象。单击主界面的"保存"按钮，这一线图对象就被保存在当前的"连杆机构装配1_motion1.sim"仿真文件中，只要这一文件被打开就可以方便地从运动导航器窗口中找到这个线图对象。想要查看某一图形，只需要在"XY-作图"目录下右键单击对象"$\int$ J003->MAG，Displacement(abs)"这个名称，在弹出的菜单中点击"绘图"命令，在弹出的"查看窗…"选择框中选择在新建或旧有窗口中查看图线，就可以看到旋转副J003中心标记点的绝对位移线图。用同样的方法，可以在"XY-作图"目录下创建研究对象的速度线图对象和加速度线图对象并加以保存，这些线图都是以时间作为横坐标。

2. 创建以原动件转角为横坐标的运动线图

在侧边栏"运动导航器"的"名称"栏点击运动副"J001"名称，在"XY结果视图"栏中，点击"运动副驱动（旋转）"目录名称前的"$\boxplus$"按钮，在弹出的目录树中点击"绝对"目录前的"$\boxplus$"按钮，在弹出的下一级目录树中点击"位移"目录前的"$\boxplus$"按钮，在弹出的"角度"目录名称上右键点击，在弹出的菜单中点击"设为X轴"命令，如图7-29所示。这样就将X轴设定为J001运动副转过的角度。

图7-28 "创建图形对象"命令的结果窗口   图7-29 设置驱动副的角度位移为横坐标轴

此时，在"运动导航器"侧边栏中，"Solution_1"的"XY-作图"目录下会出现新的一行，标记为"$\int$ J001->ang，Displacement(abs)"，如图7-30所示，表明已经把横坐标改为J001转动副所转过的角度了。此时，在这条标记上方显示的J003运动副的位移、速度和加速度线图的横坐标都已变为J001转动副的转角了。现验证如下：

在"XY-作图"目录中右键点击"J003->MAG，Acceleration(abs)"，在弹出的菜单中单击

图 7-30　设置驱动副的角度位移为横坐标轴

"绘图"命令，在弹出的"查看窗…"选择框中选择中间按钮"新建窗口"，则会出现如图 7-31 所示窗口，该线图横坐标为驱动副 J001 旋转一周所转过的角度，纵坐标为 J003 运动副对应的加速度。

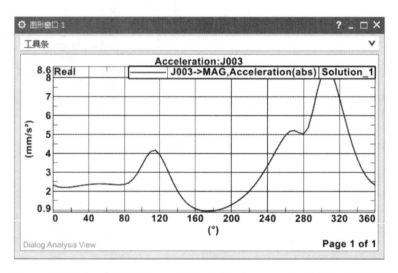

图 7-31　横坐标轴为驱动副 J001 的角度位移的 J003 运动副的加速度线图

3. 创建以原动件转角为横坐标轴的位移、速度和加速度叠加运动线图

创建以原动件转角为横坐标轴的位移、速度和加速度叠加运动线图需要在"运动导航器"的"XY-作图"目录中操作，首先需要按上述方法，创建横坐标为驱动副 J001 旋转一周的转角的 J003 运动副中心的位移线图、速度线图和加速度线图，按住键盘"Ctrl"键，用鼠标左键连续点击生成的"∫ J003->MAG,Displacement(abs)"名称、"∫ J003->MAG,Velocity(abs)"名称和"∫ J003->MAG,Acceleration(abs)"名称，这些被选中的名称将以反色显示，在这些反色显示的名称上右键单击，在弹出的右键菜单中选择"绘图"命令，再在弹出的"查看窗…"选择框中选择中间按钮"新建窗口"命令，则生成如图 7-32 所示的以驱动副 J001 转角为横坐标的位移、

速度和加速度叠加运动线图。

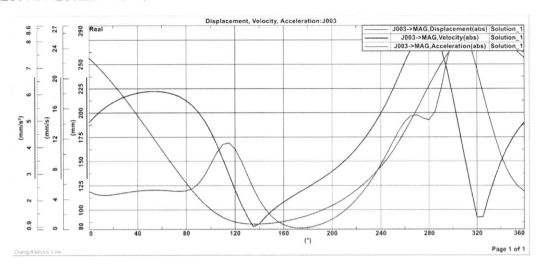

图 7-32 横坐标轴为驱动副 J001 的角度位移的 J003 运动副的位移、
速度和加速度叠加运动线图

第8章 机构运动和动态静力分析子程序及调用示例

本章提供的机构运动和动态静力分析子程序及示范主程序采用面向对象的 VisualBasic 语言开发,并全部在计算机上调试运行通过。这里给出了程序系统的全部源代码,它们均是在编辑状态下,通过复制操作得到的。

根据机构组成原理,任何机构都可以看作是由若干个基本杆组依次连接于原动件和机架上而构成的。为使程序具有广泛的通用性,采用了以杆组为基本对象编制一系列子程序的方法,使用者可以在此基础上,针对各自研究的不同机构,编制主程序调用这些子程序即可形成自己的机构运动和动态静力计算机分析系统。

编制本章程序的主要目是为机械原理课程教学服务,考虑到工程中常见的大多数机构是Ⅱ级机构,所以子程序仅针对相对比较简单而且常用的Ⅱ级杆组。这里,不仅给出子程序全部源代码,而且又提供了若干示范主程序(未省略任何代码),其中还附有关键的提示,以便使用者可以正确、快速地理解和接受机构运动和动态静力分析的解析法。

Ⅱ级杆组有五种不同的类型,若引用符号 R、P 分别代表转动副和移动副,则在图 8-1 中从(a)到(e)分别称为 RRR 型(铰链Ⅱ杆组)、RRP 型(单滑块组)、RPR 型(单摇块组)、PRP 型(双滑块组)、PPR 型(移动导杆组),本书对应用广泛的四种Ⅱ级组编制了相应的运动和动态静力分析子程序(除 PRP 型外)。

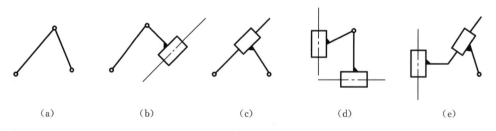

图 8-1　Ⅱ级杆组的五种类型

(a) RRR 型　(b) RRP 型　(c) RPR 型　(d) PRP 型　(e) PPR 型

很多初次调用这些子程序的使用者搞不清楚该输入哪些参数,以及不清楚子程序能求解哪些参数。要搞清上面的问题只需牢记下面这段话:运动分析过程与机构的组成过程基本一致,总是从运动已知的原动件开始的,杆组中各构件的杆长和外接副参数应该作为已知参数,运动分析子程序主要求解各杆组所有内接副和构件的运动参数((角)位移、(角)速度、(角)加速度)。而受力分析的求解过程与机构的分解过程基本一致,总是从外力(包括惯性力、重力等)已知的杆组开始的,这些已知的外力应作为已知参数输入,力分析子程序则求出所有杆组的运动副反力,直至平衡力(矩)。同时,需再输入一些点号和构件号,则是为了便于相应的数组存储已知参数和力分析的结果。

以杆组为基本对象编制的这些子程序,不仅可以用于教学,也可以推广使用到实际机构的分析中。由于示范主程序主要目的为教学,那么编制程序的重点理应放在如何使读者尽快地领会方法的精髓上,所以采用了简单的编程语言及逻辑结构,而且未在界面的设计上作太多的修饰,程序的可读性很强。使用者可以在此基础上,对分析结果进一步进行后处理,如参考有关 VisualBasic 语言开发方面的书籍,利用 PICTURE 控件绘制位移、速度、加速度和受力分析曲线图等。

8.1 杆组的运动分析子程序

参量说明如下。

n1,n2,n3:运动分析的点号。

m1,m2,m3:运动分析的构件号。

p( ),vp( ),ap( ):二维数组,构件上点的位移、速度和加速度(如 p(2,1):2 点的 x 方向位移;p(2,2):2 点的 y 方向位移)。

th( ),wth( ),ath( ):一维数组,构件的角位移、角速度和角加速度(如 th(2):构件 2 的角位移;x 轴为起点且反时针为正)。

r,r1,r2,r3:构件的长度。

m:装配模式。

n:杆组中被选为机架的固定点号。

8.1.1 曲柄组运动分析子程序

图 8-2 所示为曲柄组运动分析示意图。

调用方式:call crank2(n1, n2, m1, r, theta, w, A, p( ), vp( ), ap( ), th( ), wth( ), ath( ))。

输入参数:点号 n1,n2;构件号 m1;曲柄长度 r;位置角 theta(弧度);角速度 w;角加速度 A。

求解:p(n2,1)、p(n2,2);vp(n2,1)、vp(n2,2);ap(n2,1)、ap(n2,2)。

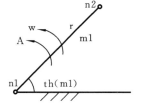

图 8-2　曲柄组运动分析示意图

```
Sub crank2(n1, n2, m1, r, theta, w, A, p(), vp(), ap(), th(), wth(), ath())
Dim rx, ry
vp(n1, 1)=0
vp(n1, 2)=
ap(n1, 1)=
ap(n1, 2)=
th(m1)=theta
wth(m1)=w
ath(m1)=A
rx=r * Cos(theta)
ry=r * Sin(theta)
p(n2, 1)=p(n1, 1)+ rx
p(n2, 2)=p(n1, 2)+ ry
vp(n2, 1)=- ry * w
vp(n2, 2)=rx * w
ap(n2, 1)=- ry * A- rx * w * w
ap(n2, 2)=rx * A- ry * w * w
End Sub
```

8.1.2　铰链二杆组运动分析子程序

图 8-3 所示为铰链二杆组运动分析示意图。

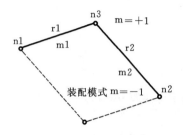

图 8-3　铰链二杆组运动分析示意图

调用方式：call adyad（m，n，n1，n2，n3，m1，m2，r1，r2，p（），vp（），ap（），th（），wth（），ath（））。

输入参数：点号 n1，n2，n3；构件号 m1、m2；杆长 r1、r2；装配模式 m（=1 或−1）；固定点号 n（=n1 或 n2 或 0），若 n=n1 还应输入 n1 点的 x、y 坐标 p（n1,1）、p（n1,2），若 n=n2 则应输入 n2 点的 xy 坐标 p（n2,1）、p（n2,2）；n=0，n1、n2 均不固定（即 n1、n2 点位移、速度及加速度在前面已经求出的）。

求解：n3 点的位移、速度和加速度 p（n3,1）、p（n3,2）、vp（n3,1）、vp（n3,2）、ap（n3,1）、ap（n3,2）；构件 m1 和 m2 的角位移、角速度、角加速度 th（m1）、wth（m1）、ath（m1）和 th（m2）、wth（m2）、ath（m2）。

```
Sub adyad(m, n, n1, n2, n3, m1, m2, r1, r2, p(), vp(), ap(), th(), wth(), ath())
Dim r1x, r1y, r2x, r2y, det, e, f
Call vdyad(m, n, n1, n2, n3, m1, m2, r1, r2, p(), vp(), th(), wth())
If (n=1) Then
ap(n1, 1)=0
ap(n1, 2)=0
End If
If (n=2) Then
ap(n2, 1)=0
ap(n2, 2)=0
End If
r1x=p(n3, 1)-p(n1, 1)
r1y=p(n3, 2)-p(n1, 2)
r2x=p(n3, 1)-p(n2, 1)
r2y=p(n3, 2)-p(n2, 2)
det=r1y * r2x-r2y * r1x
e=ap(n2, 1)-ap(n1, 1)+wth(m1) * wth(m1) * r1x-wth(m2) * wth(m2) * r2x
f=ap(n2, 2)-ap(n1, 2)+wth(m1) * wth(m1) * r1y-wth(m2) * wth(m2) * r2y
ath(m1)=-(e * r2x+f * r2y)/det
ath(m2)=-(f * r1y+e * r1x)/det
ap(n3, 1)=ap(n1, 1)-wth(m1) * wth(m1) * r1x-ath(m1) * r1y
ap(n3, 2)=ap(n1, 2)+ath(m1) * r1x-wth(m1) * wth(m1) * r1y
End Sub

Sub vdyad(m, n, n1, n2, n3, m1, m2, r1, r2, p(), vp(), th(), wth())
Dim r1x, r1y, r2x, r2y, a1, a2, b1, b2, det
Call pdyad(m, n1, n2, n3, m1, m2, r1, r2, p(), th())
If (n=1) Then
```

```
vp(n1, 1)=0
vp(n1, 2)=0
End If
If (n=2) Then
vp(n2, 1)=0
vp(n2, 2)=0
End If
r2x=p(n3, 1)-p(n2, 1)
r2y=p(n3, 2)-p(n2, 2)
a1=(vp(n2, 1)-vp(n1, 1)) * r2x
a2=(vp(n2, 2)-vp(n1, 2)) * r2y
r1x=p(n3, 1)-p(n1, 1)
r1y=p(n3, 2)-p(n1, 2)
det=r1y * r2x-r1x * r2y
b1=(vp(n2, 2)-vp(n1, 2)) * r1y
b2=(vp(n2, 1)-vp(n1, 1)) * r1x
wth(m1)=-(a1+a2)/det
wth(m2)=-(b1+b2)/det
vp(n3, 1)=vp(n1, 1)-wth(m1) * r1y
vp(n3, 2)=vp(n1, 2)+wth(m1) * r1x
End Sub


Sub pdyad(m, n1, n2, n3, m1, m2, r1, r2, p(), th())
Dim delx, dely, phi, ssq, s, test, cosin, alpha, theta
delx=p(n2, 1)-p(n1, 1)
dely=p(n2, 2)-p(n1, 2)
phi=atan2(dely, delx)
ssq=(p(n2, 1)-p(n1, 1)) * (p(n2, 1)-p(n1, 1))+(p(n2, 2)-p(n1, 2)) *
(p(n2, 2)-p(n1, 2))
s=Sqr(ssq)
test=s-(r1+r2)
If (test>0)Then
 MsgBox ("DYAD 机构不能装配")
 Exit Sub
 End If
test=Abs(r1-r2)-s
If (test>0)Then
MsgBox("DYAD 机构不能装配")
Exit Sub
End If
cosin=(r1 * r1+ssq-r2 * r2)/(2 * r1 * s)
alpha=atan2(Sqr(1-cosin * cosin), cosin)
theta=phi+ m * alpha
p(n3, 1)=p(n1, 1)+r1 * Cos(theta)
```

```
    p(n3, 2)=p(n1, 2)+r1 * Sin(theta)
    th(m1)=atan2((p(n3, 2)-p(n1, 2)), (p(n3, 1)-p(n1, 1)))
    th(m2)=atan2((p(n3, 2)-p(n2, 2)), (p(n3, 1)-p(n2, 1)))
    End Sub
```

8.1.3 刚体组运动分析子程序

图 8-4 所示为刚体组运动分析示意图。

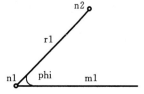

图 8-4 刚体组运动分析示意图

调用方式：call acc(n1, n2, m1, r1, phi, p(), vp(), ap(), th(), wth(), ath())。

输入参数：刚体杆件焊接点号 n1，伸出端点号 n2；焊接构件号 m1；焊接角 phi(弧度)；焊接杆长 r1。

求解：n2 点的位移、速度和加速度 p(n2,1)、p(n2,2)、vp(n2,1)、vp(n2,2)、ap(n2,1)、ap(n2,2)。

```
    Sub motion(n1, n2, m1, r1, phi, p(), th())
      p(n2, 1)=p(n1, 1)+r1 * Cos(phi+th(m1))
      p(n2, 2)=p(n1, 2)+r1 * Sin(phi+th(m1))
    End Sub


    Sub vel(n1, n2, m1, r1, phi, p(), vp(), th(), wth())
      Call motion(n1, n2, m1, r1, phi, p(), th())
      vp(n2, 1)=vp(n1, 1)-wth(m1) * (p(n2, 2)-p(n1, 2))
      vp(n2, 2)=vp(n1, 2)+wth(m1) * (p(n2, 1)-p(n1, 1))
    End Sub


    Sub acc(n1, n2, m1, r1, phi, p(), vp(), ap(), th(), wth(), ath())
      Dim rx, ry
      Call vel(n1, n2, m1, r1, phi, p(), vp(), th(), wth())
      rx=p(n2, 1)-p(n1, 1)
      ry=p(n2, 2)-p(n1, 2)
      ap(n2, 1)=ap(n1, 1)-wth(m1) * wth(m1) * rx-ath(m1) * ry
      ap(n2, 2)=ap(n1, 2)-wth(m1) * wth(m1) * ry+ath(m1) * rx
    End Sub
```

8.1.4 单滑块组运动分析子程序

图 8-5 所示为单滑块组运动分析示意图。

调用方式：call aguide(m, n, n1, n2, n3, m1, m2, m3, r1, p(), vp(), ap(), th(), wth(), ath())。

输入参数：点号 n1,n2,n3；构件号 m1、m2、m3；杆长 r1；装配模式 m(=1 或－1)；固定点号 n(=n1 或 n2 或 0)，若 n=n1 还应输入 n1 点的 xy 坐标 p(n1,1)、p(n1,2)，若 n=n2 则应输入 n2 点的 xy 坐标 p(n2,1)、p(n2,2)和导杆

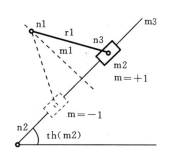

图 8-5 单滑块组运动分析示意图

位置角 th(m3)、角速度 wth(m3)、角加速度 ath(m3),n＝0 则 n1、n2 均不固定(即 n1、n2 点位移、速度及加速度在前面已经求出的)。

求解:n3 点的位移、速度和加速度 p(n3,1)、p(n3,2),vp(n3,1)、vp(n3,2),ap(n3,1)、ap(n3,2);构件 m1 的角位移、角速度、角加速度 th(m1)、wth(m1)、ath(m1)。

```
Sub pguide(m, n1, n2, n3, m1, m2, m3, r1, p(), th())
 Dim ssq, e, f, test, sqroot, rsq, r2, mode, beta
 beta=th(m3)
 th(m2)=th(m3)
 ssq=(p(n1, 1)-p(n2, 1)) * (p(n1, 1)-p(n2, 1))+(p(n1, 2)-p(n2, 2)) *
 (p(n1, 2)-p(n2, 2))
 e=2 * ((p(n2, 1)-p(n1, 1)) * Cos(beta)+(p(n2, 2)-p(n1, 2)) * Sin(beta))
 f=ssq-r1 * r1
 test=e * e-4 * f
 If (test< 0) Then
 GoTo L_100
 End If
 rsq=r1 * r1
 sqroot=Sqr(test)
 mode=m
 If (rsq > =ssq) Then
  mode=1
  End If
 If (mode=1) Then
  r2=Abs(-e+ sqroot)/2
  End If
 If (mode=-1) Then
  r2=Abs(-e-sqroot)/2
 End If
 p(n3, 1)=p(n2, 1)+r2 * Cos(beta)
 p(n3, 2)=p(n2, 2)+r2 * Sin(beta)
 th(m1)=atan2((p(n3, 2)-p(n1, 2)), (p(n3, 1)-p(n1, 1)))
 If (test< 0) Then
 L_100:MsgBox ("ROTINY GUIDE 机构不能装配")
 Exit Sub
 End If
 End Sub


      Sub vguide(m, n, n1, n2, n3, m1, m2, m3, r1, vr2, p(), vp(), th(), wth())
      Dim r2, cb, sb, ct, st, e1, f1, det
      Call pguide(m, n1, n2, n3, m1, m2, m3, r1, p(), th())
      If (n=2) Then
      wth(m3)=0
      wth(m2)=0
```

```
    vp(n2, 1)=0
    vp(n2, 2)=0
    End If
    If (n=1) Then
    vp(n1, 1)=0
    vp(n1, 2)=0
    End If
    r2=Sqr((p(n3, 1)-p(n2, 1)) * (p(n3, 1)-p(n2, 1))+(p(n3, 2)-p(n2, 2)) * (p(n3, 2)-p
    (n2, 2)))
    cb=Cos(th(m3))
    sb=Sin(th(m3))
    ct=Cos(th(m1))
    st=Sin(th(m1))
    e1=(vp(n2, 1)-vp(n1, 1))-r2 * wth(m3) * sb
    f1=(vp(n2, 2)-vp(n1, 2))+r2 * wth(m3) * cb
    det=st * sb+ct * cb
    wth(m1)=(f1 * cb-e1 * sb)/(r1 * det)
    vr2=-(e1 * ct+f1 * st)/det
    vp(n3, 1)=vp(n1, 1)-r1 * wth(m1) * st
    vp(n3, 2)=vp(n1, 2)+r1 * wth(m1) * ct
    End Sub


    Sub aguide(m, n, n1, n2, n3, m1, m2, m3, r1, p(), vp(), ap(), th(), wth(), ath())
    Dim vr2, ar2, r2, cb, sb, ct, st, e2, f2, det
    If (n=2) Then
    ath(m3)=0
    ath(m2)=0
    ap(n2, 1)=0
    ap(n2, 2)=0
    End If
    If (n=1) Then
    ap(n1, 1)=0
    ap(n1, 2)=0
    End If
    Call vguide(m, n, n1, n2, n3, m1, m2, m3, r1, vr2, p(), vp(), th(), wth())
    r2=Sqr((p(n3, 1)-p(n2, 1)) * (p(n3, 1)-p(n2, 1))+(p(n3, 2)-p(n2, 2)) *
    (p(n3, 2)-p(n2, 2)))
    cb=Cos(th(m3))
    sb=Sin(th(m3))
    ct=Cos(th(m1))
    st=Sin(th(m1))
    e2=ap(n2, 1)-ap(n1, 1)+wth(m1) * wth(m1) * r1 * ct-ath(m3) * r2 * sb-
    wth(m3) * wth(m3) * r2 * cb-2 * wth(m3) * vr2 * sb
    f2=ap(n2, 2)-ap(n1, 2)+wth(m1) * wth(m1) * r1 * st+ath(m3) * r2 * cb-
```

wth(m3) * wth(m3) * r2 * sb+2 * wth(m3) * vr2 * cb

det=st * sb+ct * cb

ath(m1)=(f2 * cb-e2 * sb)/(r1 * det)

ar2=-(e2 * ct+f2 * st)/det

ap(n3, 1)=ap(n1, 1)-r1 * ath(m1) * st-r1 * wth(m1) * wth(m1) * ct

ap(n3, 2)=ap(n1, 2)+r1 * ath(m1) * ct-r1 * wth(m1) * wth(m1) * st

End Sub

8.1.5　单摇块组运动分析子程序

图 8-6 所示为单摇块组运动分析示意图。

调用方式：call aosc(m, n, n1, n2, n3, m1, m2, e, r3, p(), vp(), ap(), th(), wth(), ath())。

输入参数：点号 n1,n2,n3；构件号 m1、m2；导杆长 r3、偏距 e；装配模式 m(=1 或 −1)；固定点号 n(=n1 或 n2 或 0)，若 n=n1 还应输入 n1 点的 xy 坐标 p(n1,1)、p(n1,2)，若 n=n2 则应输入 n2 点的 xy 坐标 p(n2,1)、p(n2,2)，若 n=0 则 n1、n2 均不固定。

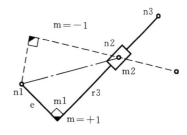

图 8-6　单摇块组运动分析示意图

求解：n3 点的位移、速度和加速度 p(n3,1)、p(n3,2)、vp(n3,1)、vp(n3,2)，ap(n3,1)、ap(n3,2)；构件 m1、m2 的角位移、角速度、角加速度 th(m1)、wth(m1)、ath(m1) 和 th(m2)、wth(m2)、ath(m2)。

```
Sub posc(m, n1, n2, n3, m1, m2, e, r3, p(), th())
    Dim test, r2, alpha, beta
    test=(p(n2, 1)-p(n1, 1)) * (p(n2, 1)-p(n1, 1))+(p(n2, 2)-p(n1, 2)) *
    (p(n2, 2)-p(n1, 2))-e * e
    If (test<0) Then
    MsgBox ("POSC 机构不能装配")
    Exit Sub
    End If
    alpha=atan2((p(n2, 2)-p(n1, 2)), (p(n2, 1)-p(n1, 1)))
    r2=Sqr(test)
    beta=atan2(e, r2)
    If (m=1) Then
    th(m1)=alpha+beta
    th(m2)=alpha+beta
    End If
    If (m=-1) Then
    th(m1)=alpha-beta
    th(m2)=alpha-beta
    End If
    p(n3, 1)=p(n2, 1)+(r3-r2) * Cos(th(m1))
    p(n3, 2)=p(n2, 2)+(r3-r2) * Sin(th(m1))
    End Sub
```

```
Sub vosc(m, n, n1, n2, n3, m1, m2, e, r3, vr2, p(), vp(), th(), wth())
Dim ct, st, sx, sy, test, r2
If (n=1) Then
vp(n1, 1)=0
vp(n1, 2)=0
End If
If (n=2) Then
vp(n2, 1)=0
vp(n2, 2)=0
End If
Call posc(m, n1, n2, n3, m1, m2, e, r3, p(), th())
test=(p(n2, 1)-p(n1, 1)) * (p(n2, 1)-p(n1, 1))+(p(n2, 2)-p(n1, 2)) * (p(n2, 2)-p
(n1, 2))-e * e
r2=Sqr(test)
ct=Cos(th(m1))
st=Sin(th(m1))
sx=r2 * ct+e * st
sy=r2 * st-e * ct
wth(m1)=((vp(n2, 1)-vp(n1, 1)) * st-(vp(n2, 2)-vp(n1, 2)) * ct)/
(-sx * ct-sy * st)
wth(m2)=wth(m1)
vr2=(-(vp(n2, 2)-vp(n1, 2)) * sy-(vp(n2, 1)-vp(n1, 1)) * sx)/(-sy * st-sx * ct)
vp(n3, 1)=vp(n1, 1)-wth(m2) * (r3 * st-e * ct)
vp(n3, 2)=vp(n1, 2)+wth(m2) * (r3 * ct+e * st)
End Sub


Sub aosc(m, n, n1, n2, n3, m1, m2, e, r3, p(), vp(), ap(), th(), wth(), ath())
  Dim test, r2, ct, st, sx, sy, e2, f2, ar2, r3x, r3y
  If (n=1) Then
  ap(n1, 1)=0
  ap(n1, 2)=0
  End If
  If (n=2) Then
  ap(n2, 1)=0
  ap(n2, 2)=0
  End If
  Call vosc(m, n, n1, n2, n3, m1, m2, e, r3, vr2, p(), vp(), th(), wth())
  test=(p(n2, 1)-p(n1, 1)) * (p(n2, 1)-p(n1, 1))+(p(n2, 2)-p(n1, 2)) *
  (p(n2, 2)-p(n1, 2))-e * e
  r2=Sqr(test)
  ct=Cos(th(m1))
  st=Sin(th(m1))
  sx=r2 * ct+e * st
```

```
sy=r2 * st-e * ct
e2=(ap(n2, 1)-ap(n1, 1))+wth(m2) * wth(m2) * sx+2 * wth(m2) * vr2 * st
f2=(ap(n2, 2)-ap(n1, 2))+wth(m2) * wth(m2) * sy-2 * wth(m2) * vr2 * ct
ath(m2)=(f2 * ct-e2 * st)/(sx * ct+sy * st)
ath(m1)=ath(m2)
ar2=(e2 * sx+f2 * sy)/(sx * ct+sy * st)
r3x=r3 * ct+e * st
r3y=r3 * st-e * ct
ap(n3, 1)=ap(n1, 1)-wth(m2) * wth(m2) * r3x-ath(m2) * r3y
ap(n3, 2)=ap(n1, 2)-wth(m2) * wth(m2) * r3y+ath(m2) * r3x
    End Sub
```

8.1.6　移动导杆组运动分析子程序(水平导路)

图 8-7 所示为移动导杆组运动分析示意图。

调用方式:calltst(n1, n3, m1, m2, pn3y, vr, ar, p(), vp(), ap(), th(), wth(), ath())。

输入参数:点号 n1,n3;构件号 m1、m2;水平导路的 Y 坐标 pn3y。

求解:滑块 m1 与杆间的相对速度 vr、相对加速度 ar;n3 点的位移、速度和加速度 p(n3,1)、p(n3,2)、vp(n3,1)、vp(n3,2),ap(n3,1)、ap(n3,2)。

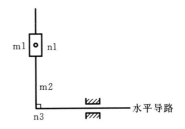

图 8-7　移动导杆组运动分析示意图

```
Sub tst(n1, n3, m1, m2, pn3y, vr, ar, p(), vp(), ap(), th(), wth(), ath())
        th(m1)=3.1415926/2
        th(m1)=3.1415926/2
        wth(m1)=0
        wth(m2)=0
        ath(m1)=0
        ath(m2)=0
        p(n3, 1)=p(n1, 1)
        p(n3, 2)=pn3y
        vp(n3, 1)=vp(n1, 1)
        vp(n3, 2)=0
        vr=vp(n1, 2)
        ap(n3, 1)=ap(n1, 1)
        ap(n3, 2)=0
        ar=ap(n1, 2)
    End Sub
```

8.1.7　自编反正切函数

自编的反正切函数是用于得到机构在各象限的位置角。

```
Function atan2(Y, X)
```

```
    If（X=0）Then
        atan2=3.1415926/2
        If（Y<0）Then
         atan2=3 * 3.1415926/2
        End If
        Else
         atan2=Atn（Y/X）
         If（X>0）Then
            If（Y<0）Then
               atan2=2 * 3.1415926+atan2
         End If
        Else
         atan2=3.1415926+atan2
        End If
        End If
    End Function
```

8.2　杆组受力分析子程序

8.2.1　铰链二杆组受力分析子程序 fdyad( )

图 8-8 所示为铰链二杆组受力分析示意图。

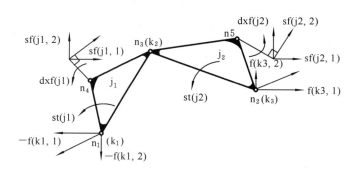

图 8-8　铰链二杆组受力分析示意图

参量说明如下所述。

（1）输入参量说明。

j1,j2:受力分析构件号;k1，k2，k3:受力分析点号;

n1,n2,n3,n4,n5:运动分析的点号(其中 n4、n5 为 j1、j2 构件质心点号);

xm(x):一维数组,构件质量,x 为构件号如 j1、j2 等;

xi(x):一维数组,构件转动惯量,x 为构件号如 j1、j2 等;

st(x):一维数组,构件上作用的已知外力矩,x 为构件号如 j1、j2 等;

sf(x,y):二维数组,构件上作用的已知外力,x 为构件号如 j1、j2 等,y＝1 或 2(分别代表 x、y 方向);

dxf(x):一维数组,构件上外力对其质心的力矩,x 为构件号如 j1、j2 等。

(2) 求解参量说明。

f(x,y):二维数组,用于存储求出的构件运动副反力,x 为点号如 k1,k2 等,y=1 或 2(分别代表 x、y 方向)。

```
Sub fdyad(n1, n2, n3, n4, n5, j1, j2, k1, k2, k3, xm(), xi(), sf(), dxf(), st(), p(), ap
(), ath(), f())
Dim A(1 To 6, 1 To 7)
Dim p1x, p1y, q1x, q1y, p2x, p2y, q2x, q2y, k, kk
For k=1 To 6
 For kk=1 To 7
  A(k, kk)=0
 Next kk
Next k
A(1, 1)=- 1
A(1, 3)=1
A(2, 2)=- 1
A(2, 4)=1
A(4, 3)=- 1
A(4, 5)=1
A(5, 4)=- 1
A(5, 6)=1
p1x=p(n3, 1)-p(n4, 1)
p1y=p(n3, 2)-p(n4, 2)
q1x=p(n1, 1)-p(n4, 1)
q1y=p(n1, 2)-p(n4, 2)
p2x=p(n2, 1)-p(n5, 1)
p2y=p(n2, 2)-p(n5, 2)
q2x=p(n3, 1)-p(n5, 1)
q2y=p(n3, 2)-p(n5, 2)
A(3, 4)=p1x
A(3, 3)=-p1y
A(3, 2)=-q1x
A(3, 1)=q1y
A(6, 6)=p2x
A(6, 5)=-p2y
A(6, 4)=-q2x
A(6, 3)=q2y
A(1, 7)=xm(j1) * ap(n4, 1)-sf(j1, 1)
A(2, 7)=xm(j1) * ap(n4, 2)-sf(j1, 2)
A(3, 7)=xi(j1) * ath(j1)-dxf(j1)-st(j1)
A(4, 7)=xm(j2) * ap(n5, 1)-sf(j2, 1)
A(5, 7)=xm(j2) * ap(n5, 2)-sf(j2, 2)
A(6, 7)=xi(j2) * ath(j2)-dxf(j2)-st(j2)
```

```
Call gs(A(), 1, 6)
f(k1, 1)=A(1, 7)
f(k1, 2)=A(2, 7)
f(k2, 1)=A(3, 7)
f(k2, 2)=A(4, 7)
f(k3, 1)=A(5, 7)
f(k3, 2)=A(6, 7)
End Sub
```

8.2.2 摆动滑块组受力分析子程序

图 8-9 所示为摆动滑块组受力分析示意图。

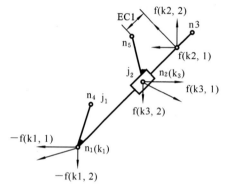

图 8-9 摆动滑块组受力分析示意图

参量说明如下所述。

（1）输入参量说明。

j1，j2：受力分析构件号；k1，k2，k3：受力分析点号；

n1，n2，n3，n4，n5：运动分析的点号（其中 n4、n5 为 j1、j2 构件质心点号）；

xm(x)：一维数组，构件质量，x 为构件号如 j1、j2 等；

xi(x)：一维数组，构件转动惯量，x 为构件号如 j1、j2 等；

st(x)：一维数组，构件上作用的已知外力矩，x 为构件号如 j1、j2 等；

sf(x,y)：二维数组，构件上作用的已知外力，x 为构件号如 j1、j2 等，y＝1 或 2（分别代表 x、k 方向）；

dxf(x)：一维数组，构件上外力对其质心的力矩，x 为构件号如 j1、j2 等。

（2）求解参量说明。

ec1：滑块与杆之间反力作用点的位置（距离杆质心点 N4 的距离）；

f(x,y)：二维数组，用于存储求出的构件运动副反力，x 为点号如 k1，k2 等，y＝1 或 2（分别代表 x、y 方向）。

```
Sub fosc(n1, n2, n3, n4, n5, j1, j2, k1, k2, k3, xm(), xi(), sf(), dxf(), st(), p(), ap
(), th(), ath(), f(), ec1)
Dim A(1 To 6, 1 To 7)
Dim p1x, p1y, q1x, q1y, p2x, p2y, q2x, q2y, k, kk
tol=0.0000000001
For k=1 To 6
 For kk=1 To 7
  A(k, kk)=0
 Next kk
Next k
A(1, 1)=-1
```

```
A(2, 2)=-1
A(4, 3)=-1
A(5, 4)=-1
A(1, 3)=1
A(2, 4)=1
A(4, 5)=1
A(5, 6)=1
p2x=p(n2, 1)-p(n5, 1)
p2y=p(n2, 2)-p(n5, 2)
q1x=p(n1, 1)-p(n4, 1)
q1y=p(n1, 2)-p(n4, 2)
A(3, 6)=p2x
A(3, 5)=-p2y
A(3, 2)=-q1x
A(3, 1)=q1y
dx=p(n3, 1)-p(n2, 1)
dy=p(n3, 2)-p(n2, 2)
dmag=Sqr(dx * dx+dy * dy)
ux=dx/dmag
uy=dy/dmag
A(6, 3)=ux
A(6, 4)=uy
theta1=atan2((p(n5, 2)-p(n4, 2)), p(n5, 1)-p(n4, 1))-th(j1)
s45=Sqr((p(n5, 1)-p(n4, 1)) * (p(n5, 1)-p(n4, 1))+(p(n5, 2)-p(n4, 2)) * (p(n5, 2)-p(n4, 2)))
AMAG=s45 * Cos(theta1)
'此处进行了改进,无须再重复录入 d1,d1,alfa1,alfa2
ax=ux * AMAG
ay=uy * AMAG
A(3, 4)=ax
A(3, 3)=- ay
A(1, 7)=xm(j1) * ap(n4, 1)-sf(j1, 1)
A(2, 7)=xm(j1) * ap(n4, 2)-sf(j1, 2)
A(3, 7)=(xi(j1)+xi(j2)) * ath(j1)-dxf(j1)-st(j1)-dxf(j2)-st(j2)
A(4, 7)=xm(j2) * ap(n5, 1)-sf(j2, 1)
A(5, 7)=xm(j2) * ap(n5, 2)-sf(j2, 2)
A(6, 7)=0
Call gs(A(), 1, 6)
f(k1, 1)=A(1, 7)
f(k1, 2)=A(2, 7)
f(k2, 1)=A(3, 7)
f(k2, 2)=A(4, 7)
f(k3, 1)=A(5, 7)
f(k3, 2)=A(6, 7)
```

```
tcon=xi(j2) * ath(j2)-p2x * f(k3, 2)+p2y * f(k3, 1)
det=-(f(k2, 1) * f(k2, 1)+f(k2, 2) * f(k2, 2))
If (Abs(det)<tol) Then
det=tol
End If
e2x=tcon * f(k2, 2)/det
e2y=-tcon * f(k2, 1)/det
ec2=Sqr(e2x * e2x+e2y * e2y)
test=e2x * ux+e2y * uy
If (test< 0) Then
ec2=-ec2
End If
ec1=AMAG+ec2
End Sub
```

8.2.3　单滑块组受力分析子程序

图 8-10 所示为单滑块组受力分析示意图。

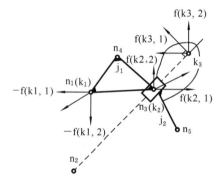

图 8-10　单滑块组受力分析示意图

变量说明如下所述。

（1）输入参量说明。

j1,j2：受力分析构件号；k1，k2，k3：受力分析点号；

n1,n2,n3,n4,n5：运动分析的点号（其中 n4、n5 为 j1,j2 构件质心点号）；

xm（x）：一维数组，构件质量，x 为构件号如 j1、j2 等；

xi（x）：一维数组，构件转动惯量，x 为构件号如 j1、j2 等；

sf（x,y）：二维数组，构件上作用的已知外力，x 为构件号如 j1、j2 等，y＝1 或 2（分别代表 x、k 方向）；

dxf（x）：一维数组，构件上外力对其质心的力矩，x 为构件号如 j1、j2 等；

st（x）：一维数组，构件上作用的已知外力矩，x 为构件号如 j1、j2 等。

（2）求解参量说明。

ec2：滑块与杆之间反力作用点到滑块质心的距离（杆长方向）

f（x,y）：二维数组，用于存储求出的构件运动副反力，x 为点号如 k1、k2 等，y＝1 或 2（分别代表 x、y 方向）。

```
Sub fguide(n1,n2,n3,n4,n5,j1,j2,k1,k2,k3,xm(),xi(),sf(),dxf(),st(),p(),th(),ap(),
ath(),f(),ec2)
Dim A(1 To 6,1 To 7)
Dim p1x,p1y,q1x,q1y,p2x,p2y,q2x,q2y,k,kk
tol=0.0000000001
For k=1 To 6
```

```
 For kk=1 To 7
   A(k,kk)=0
 Next kk
Next k
A(1,1)=-1
A(2,2)=-1
A(4,3)=-1
A(5,4)=-1
A(1,3)=1
A(2,4)=1
A(4,5)=1
A(5,6)=1
q1x=p(n1,1)-p(n4,1)
q1y=p(n1,2)-p(n4,2)
A(3,1)=q1y
A(3,2)=- q1x
p1x=p(n3,1)-p(n4,1)
p1y=p(n3,2)-p(n4,2)
A(3,4)=p1x
A(3,3)=-p1y
q2x=p(n3,1)-p(n5,1)
q2y=p(n3,2)-p(n5,2)
ux=Cos(th(j2))
uy=Sin(th(j2))
A(6,5)=ux
A(6,6)=uy
A(1,7)=xm(j1) * ap(n4,1)-sf(j1,1)
A(2,7)=xm(j1) * ap(n4,2)-sf(j1,2)
A(3,7)=xi(j1) * ath(j1)-st(j1)-dxf(j1)
A(4,7)=xm(j2) * ap(n5,1)-sf(j2,1)
A(5,7)=xm(j2) * ap(n5,2)-sf(j2,2)
A(6,7)=0
Call gs(A(),1,6)
 f(k1,1)=A(1,7)
 f(k1,2)=A(2,7)
 f(k2,1)=A(3,7)
 f(k2,2)=A(4,7)
 f(k3,1)=A(5,7)
 f(k3,2)=A(6,7)
tcon=xi(j2) * ath(j2)+q2x * f(k2,2)-q2y * f(k2,1)-dxf(j2)-st(j2)
det=f(k3,1) * f(k3,1)+f(k3,2) * f(k3,2)
If (Abs(det)<tol) Then
det=tol
End If
```

```
e2x=tcon * f(k3,2)/det
e2y=-tcon * f(k3,1)/det
ec2=Sqr(e2x * e2x+e2y * e2y)
test=e2x * ux+e2y * uy
If (test< 0) Then
ec2=-ec2
End If
End Sub
```

8.2.4　移动导杆滑块组受力分析子程序

图 8-11 所示为移动导杆滑块组受力分析示意图。

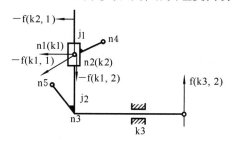

图 8-11　移动导杆滑块组受力分析示意图

参量说明如下所述。

（1）输入参量说明。

j1,j2:受力分析构件号;k1,k2,k3:受力分析点号;

n1,n2,n3,n4,n5:运动分析的点号（其中 n4、n5 为 j1、j2 构件质心点号）;

xm(x):一维数组,构件质量,x 为构件号如 j1、j2 等;

xi(x):一维数组,构件转动惯量,x 为构件号如 j1、j2 等;

sf(x,y):二维数组,构件上作用的已知外力,x 为构件号如 j1、j2 等,y＝1 或 2（分别代表 x、k 方向）;

st(x):一维数组,构件上作用的已知外力矩,x 为构件号如 j1、j2 等。

（2）求解参量说明。

f(x,y):二维数组,用于存储求出的构件运动副反力,x 为点号如 k1、k2 等,y＝1 或 2（分别代表 x、y 方向）;

dixf(x):一维数组,为构件上作用的已知外力对 n1 或 n2（与 n1 的瞬时重合点）的力矩,x 为构件号如 j1、j2 等;

ec1:滑块反力的偏距（力－f(k2,1)距点 n1 的距离）;

ec2:机架反力的偏距（力 f(k3,2)距 n3 的距离）。

```
Sub ftst(n1,n3,n4,n5,j1,j2,k1,k2,k3,xm(),sf(),dixf(),st(),p(),ap(),f(),ec1,ec2)
Dim A(1 To 4,1 To 5)
tol=0.0000000001
For k=1 To 4
 For kk=1 To 5
  A(k,kk)=0
 Next kk
Next k
A(1,1)=-1
A(2,2)=-1
A(3,3)=-1
```

```
A(1,3)=1
A(4,4)=xm(j2) * ap(n3,2)-sf(j2,2)
A(1,5)=xm(j1) * ap(n1,1)-sf(j1,1)
A(2,5)=xm(j1) * ap(n1,2)-sf(j1,2)
A(3,5)=xm(j2) * ap(n3,1)-sf(j2,1)
di1x=p(n4,1)-p(n1,1)
di1y=p(n4,2)-p(n1,2)
di2x=p(n5,1)-p(n1,1)
di2y=p(n5,2)-p(n1,2)
'di1x,di1y,构件 1 上 N1 点到质心(惯性力作用点)N4 的距离；
'di2x,di2y,构件 2 上 N2 点到质心(惯性力的距离)N5 的距离；
pim1=di1x * xm(j1) * ap(n1,2)- di1y * xm(j1) * ap(n1,1)
pim2=di2x * xm(j2) * ap(n3,2)- di2y * xm(j2) * ap(n3,1)
A(4,5)=dixf(j1)-dixf(j2)+st(j1)-st(j2)-pim1+pim2

Call gs(A(),1,4)
f(k1,1)=A(1,5)
f(k1,2)=A(2,5)
f(k2,1)=A(3,5)
ec2=A(4,5)
If (Abs(f(k2,1))<tol) Then
f(k2,1)=tol
End If
ec1=(dixf(j1)+st(j1)-di1x * xm(j1) * ap(n1,2)+di1y * xm(j1) * ap(n1,1))/f(k2,1)
f(k3,2)=xm(j2) * ap(n3,2)-sf(j2,2)
f(k3,1)=0
f(k2,2)=0
End Sub
```

8.2.5　曲柄受力分析子程序

变量说明如下所述。

(1) 输入参量说明。

j1:受力分析构件号;k1,k2:受力分析点号；

n1,n2,n3:运动分析的点号,其中 n3 为构件 j1 质心的点号；

xm(x):一维数组,构件质量,x 为构件号如 j1；

xi(x):一维数组,构件转动惯量,x 为构件号如 j1；

sf(x,y):二维数组,构件上作用的已知外力,x 为构件号如 j1,y＝1 或 2(分别代表 x、k 方向)；

dxf(x):一维数组,构件上外力对其质心的力矩,x 为构件号如 j1；

st(x):一维数组,构件上作用的已知外力矩,x 为构件号如 j1；

(2) 求解参量说明。

f(x,y):二维数组,用于存储求出的构件运动副反力,x 为点号如 k1、k2 等,y＝1 或 2(分别代表 x、y 方向）；

　　dt:求出的应加在曲柄上的平衡力矩。

```
Sub fcrank(n1,n2,n3,j1,k1,k2,xm(),xi(),sf(),dxf(),st(),p(),ap(),ath(),f(),dt)
Dim A(1 To 3,1 To 4)
Dim p1x,p1y,q1x,q1y,p2x,p2y,q2x,q2y,k,kk
tol=0.0000000001
A(1,1)=-1
A(1,2)=0
A(1,3)=0
A(2,1)=0
A(2,2)=-1
A(2,3)=0
A(3,3)=1
qx=p(n1,1)-p(n3,1)
A(3,2)=- qx
qy=p(n1,2)-p(n3,2)
A(3,1)=qy
px=p(n2,1)-p(n3,1)
py=p(n2,2)-p(n3,2)
A(1,4)=xm(j1) * ap(n3,1)-sf(j1,1)-f(k2,1)
A(2,4)=xm(j1) * ap(n3,2)-sf(j1,2)-f(k2,2)
A(3,4)=xi(j1) * ath(j1)-st(j1)-dxf(j1)-px * f(k2,2)+py * f(k2,1)
Call gs(A(),1,3)
f(k1,1)=A(1,4)
f(k1,2)=A(2,4)
dt=A(3,4)
End Sub
```

8.2.6　解线性方程的高斯消去法 gs( )子程序

参数说明如下所述。

A():线性方程的系数矩阵；ib:起始下角标；ie:线性方程的阶数。

　　解储存在返回矩阵 A(ie+1,i)中，即增广矩阵的最左列

```
Sub gs(A(),ib,ie)
Dim f,i,j,k,l,m,t,ss1,ss2
n=ie
For k=ib To n
m=Abs(A(k,k)): l=k
 For i=k To n
   If m< Abs(A(i,k)) Then m=Abs(A(i,k)): l=i
   Next i
   For j=k To n+ 1
   ss1=A(k,j)
```

```
        ss2=A(1,j)
        A(k,j)=ss2
        A(1,j)=ss1
    Next j
    For i=k+1 To n
        f=- A(i,k)/A(k,k)
        For j=k To n+ 1
            A(i,j)=A(i,j)+A(k,j) * f
        Next j
    Next i
Next k
For i=ib To n
m=A(i,i)
If m=0 Then
MsgBox("此方程无解!!!!")
Exit Sub
End If
For j=i To n+1
A(i,j)=A(i,j)/m
Next j
Next i
    For i=n-1 To ib Step-1
        t=0
        For j=i+1 To n
        t=t+A(i,j) * A(j,n+1)
        Next j
        A(i,n+1)=A(i,n+1)-t
    Next i
End Sub
```

8.3   机构运动和受力分析主程序示例

8.3.1   牛头刨床主运动机构

1. 题目

牛头刨床主运动机构采用摆动导杆与单滑块Ⅱ级组构成,机构部分已知的参数如下。

原动件曲柄的速度：$n_2 = -65$ r/min。

杆长：$L_{O_2O_4} = 380$ mm；$L_{O_2A} = 110$ mm；$L_{O_4B} = 540$ mm；$L_{BC} = 0.3 L_{O_4B}$；$L_{O_4S_4} = 0.5 L_{O_4B}$。

刨头的重心 S_6 位置：$r_{S_6} = 200$ mm；$\alpha = 45°$。

刨头的导路位置：取在铰链点 B 的运动轨迹的最高点与最低点中部（水平）。

构件的重量：$G_4 = 880$ N；$G_6 = 800$ N。

构件 4 的重心 S_4 位于杆长中部,即 $L_{O_4S_4} = 0.5 L_{O_4B}$。

构件 4 的转动惯量：$J_{s_4} = 1.2\ \text{kg} \cdot \text{m}^2$。

生产阻力：$P = 1000\ \text{N}$（力的作用点位置：$y_F = 80\ \text{mm}$）。

牛头刨床机构运动和动态静力分析如图 8-12、图 8-13 所示。

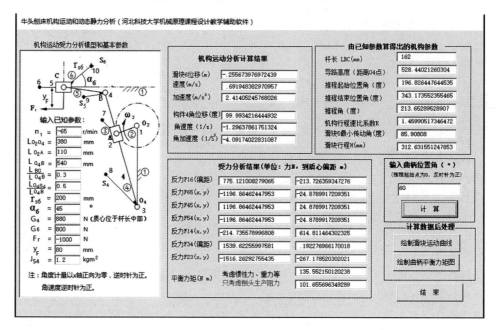

图 8-12　牛头刨床机构运动和受力分析界面 1

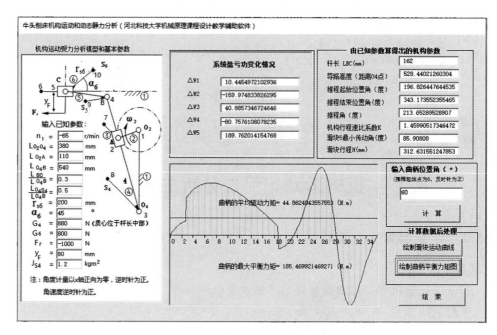

图 8-13　牛头刨床机构运动和受力分析界面 2

2. "计算"按钮下的程序

Private Sub Command1_Click()

//p()：二维数组,构件上点的位置量,如：p(4,1)表示点 4 的 x 坐标、p(4,2)点 4 的 y

坐标。

　　//vp():二维数组,构件上点的速度,如:vp(4,1)表示点4的速度vx、p(4,2)点4的速度vy。

　　//ap():二维数组,构件上点的加速度,如:vp(4,1)表示点4的加速度ax、p(4,2)点4的速度ay。

　　//th():一维数组,构件的角位移,如:th(3)表示构件3与x轴正向夹角。

　　//wth():一维数组,构件的角速度,如:wth(3)表示构件3角速度。

　　//ath():一维数组,构件的角加速度,如:ath(3)表示构件3角加速度。

　　//n1,n2,n3,n4,n5:运动分析点号;m1,m2,m3:构件号;r1,r2,r3:杆长。

　　//w:曲柄角速度;A:曲柄角加速度;m:机构的装配模式;n:杆组的固定点号。

```
Dim p(30, 3), vp(30, 3), ap(30, 3), th(30), wth(30), ath(30), t(30)
Dim n1 As Integer
Dim n2 As Integer
Dim n3 As Integer
Dim n4 As Integer
Dim n5 As Integer
Dim k1 As Integer
Dim k2 As Integer
Dim k3 As Integer

Dim m1 As Integer
Dim m2 As Integer
Dim j1 As Integer
Dim j2 As Integer
Dim r As Single
Dim r1 As Single
Dim r2 As Single
Dim thetra As Single
Dim w As Single
Dim A As Single
Dim phi As Single
Dim m As Integer
//读入其他已知参数,并计算机构参数。
Lo2o4=Val(Text31.Text)
Lo2a=Val(Text32.Text)
lo4b=Val(Text33.Text)
LBC=Val(Text34.Text) * lo4b
Lo4s4=Val(Text35.Text) * lo4b
rs6=Val(Text36.Text)
alfa6=Val(Text37.Text)
yp=Val(Text38.Text)
js4=Val(Text39.Text)
```

```
con=3.1415926/180
phi1=270- atan2(Sqr(Lo2o4 * Lo2o4-Lo2a * Lo2a), Lo2a)/con
phi2=270+ atan2(Sqr(Lo2o4 * Lo2o4-Lo2a * Lo2a), Lo2a)/con
phi12=360- 2 * atan2(Sqr(Lo2o4 * Lo2o4-Lo2a * Lo2a), Lo2a)/con
kk= (phi12)/(360-phi12)
YY=lo4b- (lo4b- lo4b * Sin(atan2(Sqr(Lo2o4 * Lo2o4- Lo2a * Lo2a), Lo2a)))/2
h=2 * lo4b * Sin((phi12-180) * con/2)        //求滑块行程。
YY1= ( lo4b-lo4b * Sin(atan2(Sqr(Lo2o4 * Lo2o4-Lo2a * Lo2a), Lo2a)))/2
YY=lo4b-  YY1
h=2 * lo4b * Sin((phi12- 180) * con/2)        //求滑块行程。
gamamin= 90-atan2(YY1, Sqr(LBC * LBC-YY1 * YY1))/con
Text40.Text= Str(LBC)
Text41.Text= Str(YY)
Text42.Text= Str(phi1)
Text43.Text= Str(phi2)
Text44.Text= Str(phi12)
Text45.Text= Str(kk)
Text46.Text= Str(gamamin)
Text51.Text= Str(h)
//读入曲柄的位置角(单位:°)。
Angle=Val(Text20.Text)
//曲柄子程序(计算 A 点位移、速度、加速度)有关参数赋值。
For i= 0 To 1 Step 1
theta1= (phi1- i * Angle) * con
n1=1
n2=2
m1=2
r=Lo2a/1000
w=Val(Text21.Text) * 2 * 3.1415926/60        //读入曲柄的角速度并折算成(rad/s)。
A=0
p(n1, 1)=0
p(n1, 2)=Lo2o4/1000
Call crank2(n1, n2, m1, r, theta1, w, A, p(), vp(), ap(), th(), wth(), ath())
//单摇块组子程序(计算 4 点和构件 4 的位移、速度、加速度)有关参数赋值。
m=1
n=1
n1=3
n2=2
n3=4
m1=4
m2=3
r1=0
r3=lo4b/1000
p(n1, 1)=0
```

```
p(n1, 2)=0
Call aosc(m, n, n1, n2, n3, m1, m2, r1, r3, p(), vp(), ap(), th(), wth(), ath())
```
//刚体组子程序(计算 7 点的位移、速度、加速度)有关参数赋值。
```
n1=2
n2=7
m1=3
r1=0
phi=0
Call acc(n1, n2, m1, r1, phi, p(), vp(), ap(), th(), wth(), ath())
```
//刚体组子程序(计算 8 点的位移、速度、加速度)有关参数赋值。
```
n1=3
n2=8
m1=4
r1=Lo4s4/1000
phi=0
Call acc(n1, n2, m1, r1, phi, p(), vp(), ap(), th(), wth(), ath())
```
//单滑块组子程序(计算 5 点和构件 5 的位移、速度、加速度)有关参数赋值。
```
m=- 1
n=2
n1=4
n2=6
n3=5
m1=5
m2=6
m3=1
r1=LBC/1000
th(5)=0
th(6)=0
p(n2, 1)=- 600/1000
p(n2, 2)=YY/1000          //导路位置处于 B 点轨迹的中部。
Call aguide(m, n, n1, n2, n3, m1, m2, m3, r1, p(), vp(), ap(), th(), wth(), ath())
```
//刚体组子程序(计算 9 点的位移、速度、加速度)有关参数赋值。
```
n1=4
n2=9
m1=5
r1=0
phi=0
Call acc(n1, n2, m1, r1, phi, p(), vp(), ap(), th(), wth(), ath())
```
//刚体组子程序(计算 10 点的位移、速度、加速度)有关参数赋值。
```
n1=5
n2=10
m1=6
r1=rs6
phi=alfa6 * con
```

```
Call acc(n1, n2, m1, r1, phi, p(), vp(), ap(), th(), wth(), ath())
If i=0 Then
h0=p(5, 1)
End If
Form9.Picture2.Visible=False        //不显示图形控件。
Form9.Picture3.Visible=False        //绘图控件和文本框设为不可见。
Form9.Picture4.Visible=False
Text25.Visible=False
Text26.Visible=False
Text27.Visible=False
Text28.Visible=False
Text29.Visible=False
Text30.Visible=False
//显示运动分析结果——滑块的位移、速度、加速度。
Text1.Text=Str(p(5, 1))
Text2.Text=Str(vp(5, 1))
Text3.Text=Str(ap(5, 1))
Text47.Text=Str(th(4)/con)
Text48.Text=Str(wth(4))
Text49.Text=Str(ath(4))

//以上为运动分析部分
//变量说明如下。
//xm():一维数组,构件质量。xi():一维数组,构件转动惯量。
//st():一维数组,构件的外力矩。sf():二维数组,构件的外力。dxf():一维数组,构件上外力对
质心力矩。
//j1, j2:构件号。k1, k2, k3,:受力分析铰链点号(N1,N2,N3,)。n4,n5:质心点号。f()二维数
组,存储构件力分析的解。

Dim xm(1 To 15), xi(1 To 15), sf(1 To 15, 1 To 2), dxf(1 To 15), st(1 To 15), f(1 To 15, 1
To 2)
n1=4
n2=6
n3=5
n4=9
n5=10
j1=5
j2=6
k1=4
k2=5
k3=6
xm(j1)=0
g6=Val(Text23.Text)        //读入构件 6 的重量(800)。
xm(j2)=g6/9.81             //滑枕有质量。
```

```
xi(j1)=0
xi(j2)=0
sf(j1, 1)=0
sf(j1, 2)=0
sf(j2, 1)=0
dxf(j2)=0
If Angle<=phi12 Then
If Abs(h0-p(5, 1)) >=h * 0.05/1000 And Abs(h0- p(5, 1))<=h * 0.95/1000 Then
fr=Val(Text24.Text)                  //读入推程段生产阻力- 1000(单位:N)。
sf(j2, 1)=fr                         //推程段有生产阻力。
dxf(j2)=fr * ((ys6+ yp)/1000)        //推程段生产阻力对滑枕质心的力矩。
End If
End If
sf(j2, 2)=- g6                       //考虑滑枕重力 G6=800N。
dxf(j1)=0
st(j1)=0
st(j2)=0


Call fguide(n1, n2, n3, n4, n5, j1, j2, k1, k2, k3, xm(), xi(), sf(), dxf(), st(), p(),
th(), ap(), ath(), f(), ec2)
//显示受力分析结果:构件 5 的受力。
Text4.Text=Str(f(6, 2))
Text5.Text=Str(ec2)
Text6.Text=Str(f(5, 1))
Text7.Text=Str(f(5, 2))
Text8.Text=Str(- f(4, 1))
Text9.Text=Str(- f(4, 2))
Text10.Text=Str(f(4, 1))
Text11.Text=Str(f(4, 2))
```

* *

//杆组连接不能自动将上一杆组的解自动传给下一杆组的连接点的同运动副,而是必须将上一杆组的解,作为下一杆组的外力,将其加在杆组之上,否则不能求解下一杆组的解(解全为零)。现在:k4 点的力求出,对下一杆组该点力 f(4,1),f(4,2)为已知外力,将其平移到质心 8 点,并产生一力矩:dxf(j1)=f(4, 2) * (p(4, 1)-p(8, 1))-f(4, 1) * (p(4, 2)- p(8, 2))。

```
n1=3
n2=2
n3=4
n4=8
n5=7
k1=3
k2=11
k3=2
j1=4
```

```
j2=3
g4=Val(Text22.Text)                //读入构件4的重量(880)。
xm(j1)=g4/9.81
xm(j2)=0
xi(j1)=Val(Text39.Text)
xi(j2)=0
sf(j1, 1)=f(4, 1)
sf(j1, 2)=f(4, 2)- g4
sf(j2, 1)=0
sf(j2, 2)=0
dxf(j1)=f(4, 2) * (p(4, 1)-p(8, 1))-f(4, 1) * (p(4, 2)-p(8, 2))
dxf(j2)=0
st(j1)=0
st(j2)=0
Call fosc(n1, n2, n3, n4, n5, j1, j2, k1, k2, k3, xm(), xi(), sf(), dxf(), st(), p(), ap
(), th(), ath(), f(), ec1)
n1=1
n2=2
n3=13
j1=1
k1=1
k2=2
xm(j1)=0
xi(j1)=0
sf(j1, 1)=0
sf(j1, 2)=0
dxf(j1)=0
st(j1)=0
Call fcrank(n1, n2, n3, j1, k1, k2, xm(), xi(), sf(), dxf(), st(), p(), ap(), ath(), f(), dt)
Next i
//显示受力分析结果:构件4的受力。
Text12.Text=Str(-f(3, 1))
Text13.Text=Str(-f(3, 2))
Text14.Text=Str(Sqr(f(11, 1) * f(11, 1)+f(11, 2) * f(11, 2)))
Text15.Text=Str(ec1)
Text16.Text=Str(-f(2, 1))
Text17.Text=Str(-f(2, 2))
//显示平衡力矩。
Text18.Text=Str(dt)
//显示不考虑惯性力的平衡力矩。
ss1=vp(5, 1) * sf(6, 1)/w
Text19.Text=Str(ss1)
Picture5.Visible=False
End Sub
```

8.3.2 铰链四杆机构的动态静力分析

1. 题目

铰链四杆机构的几何尺寸：$L_{AB}=110$ mm，$L_{BC}=250$ mm，$L_{CD}=200$ mm，$L=140$ mm，$H=300$ mm。

构件重量：$G_2=10$ N，$G_3=20$ N，质心位于各构件的中点；绕质心的转动惯量：$J_{S_2}=0.01$ kg·m²，$J_{S_3}=0.012$ kg·m²。

原动件曲柄的等角速度：$\omega_1=10\dfrac{1}{s}$。

外力 $P_R=50$ N，其作用点到 D 点的距离 $L_{DE}=120$ mm。

求解参量：图 8-14 所示位置 $\theta_1=17.5°$ 时，机构上 B、C、S_2、S_3 点的位移、速度、加速度；2、3 构件的角位移、角速度、角加速度；各运动副反力和应加在曲柄上的平衡力矩。

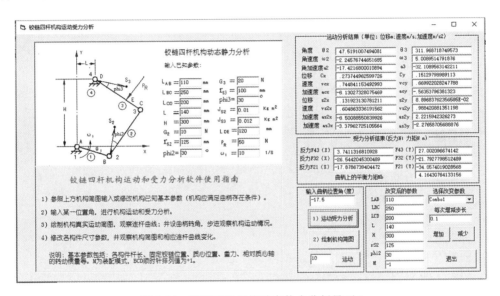

图 8-14 铰链四杆机构动态静力分析界面 1

2. 机构动态静力分析主程序界面

铰链四杆机构是实际机械中使用最多的连杆机构，也是"机械原理"课程着重介绍的主要连杆机构之一。图 8-14 所示为使用铰链四杆机构动态静力分析软件，按界面提示输入给定已知参数，按下"运动受力分析"按钮后，从屏幕中截取的程序运行界面。设计者可以修改给定参数，尤其是可以修改与运动有关的杆长参数，并随即观察机构简图的改变和连杆曲线的变化。按下"运动"按钮后，机构还可以实现步进运动仿真。图 8-15 是杆长尺寸改变后例 6-3 的杆长后程序的运行界面。

3. 运动和受力分析主程序（"运动受力分析"按钮下的程序）

```
Private Sub Command1_Click()

Dim p(30, 3), vp(30, 3), ap(30, 3), th(30), wth(30), ath(30)

Dim n1 As Integer

Dim n2 As Integer

Dim n3 As Integer
```

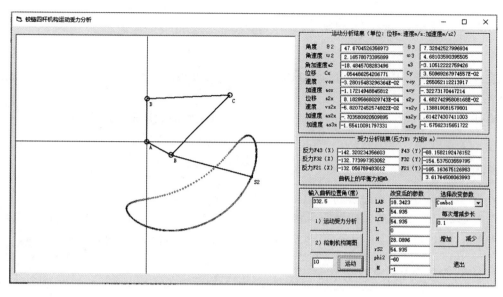

图 8-15　铰链四杆机构动态静力分析界面 2

```
Dim n4 As Integer

Dim n5 As Integer

Dim k1 As Integer

Dim k2 As Integer

Dim k3 As Integer

Dim m1 As Integer

Dim m2 As Integer

Dim j1 As Integer

Dim j2 As Integer

Dim r As Single

Dim r1 As Single

Dim r2 As Single

Dim thetra As Single

Dim w As Single

Dim A As Single

Dim phi As Single

Dim m As Integer
```

//以下为运动分析部分

//变量说明如下。

//p()：二维数组，存储点位移 XY 坐标。vp()：二维数组，存储点速度 VX、VY 参量。ap()：二维数组，存储点加速度 aX、aY 参量。

//th()：一维数组，存储构件角位移。wth()：一维数组，存储构件角速度。ath()：一维数组，存储构件角加速度。

//n1, n2,n3：构件上点编号。m1, m2：构件号。

```
theta=Val(Text20.Text)           //读入曲柄位置角。
theta=theta * (3.1415926/180)    //换算角度为弧度。
```

```
n1=1                                    //读入固定铰链 A 编号 1。
n2=2                                    //读入活动铰链 B 编号 2。
m1=1                                    //读入曲柄 AB 构件号 1。
r=Val(Text21.Text)/1000                 //读入曲柄 AB 长度,并换算为单位为 m。
Form3.Text46=Val(Text21.Text)
w=Val(Text22.Text)                      //读入原动件曲柄 AB 角速度。
A=0                                     //读入原动件曲柄 AB 角加速度。
p(n1, 1)=0                              //读入固定铰链 A 位置(X 坐标)。
p(n1, 2)=0                              //读入固定铰链 A 位置(Y 坐标)。

Call crank2(n1, n2, m1, r, theta, w, A, p(), vp(), ap(), th(), wth(), ath())
//调用曲柄运动分析子程序,求活动铰链 B 的位置、速度、加速度,结果存于 p(), vp(), ap()。


//m=-1    //读入铰链二杆组 BCD 装配模式,BCD 反时针排列 m=-1。
m=Val(Form3.Text53)
n=2     //读入铰链二杆组 BCD 铰链固定模式:n=1 固定铰链 B;n=2 固定铰链 D;n=0 铰链 B、C
         均不固定。
n1=2    //读入铰链二杆组 B 点编号 2。
n2=4    //读入铰链二杆组 D 点编号 4。
n3=3    //读入铰链二杆组 C 点编号 3。
m1=2    //读入铰链二杆组构件 BC 编号 2。
m2=3    //读入铰链二杆组构件 CD 编号 3。


r1=Val(Text23.Text)/1000               //读入 BC 构件 2 连杆长度,并换算长度单位为 m。
Form3.Text47=Val(Text23.Text)
r2=Val(Text24.Text)/1000               //读入 DC 构件 3 摇杆长度,并换算长度单位为 m。
Form3.Text48=Val(Text24.Text)
p(n2, 1)=Val(Text25.Text)/1000         //读入固定铰链 D 点坐标 X,并换算长度单位为 m。
Form3.Text49=Val(Text25.Text)
p(n2, 2)=Val(Text26.Text)/1000         //读入固定铰链 D 点坐标 Y,并换算长度单位为 m。
Form3.Text50=Val(Text26.Text)


Call adyad(m, n, n1, n2, n3, m1, m2, r1, r2, p(), vp(), ap(), th(), wth(), ath())
//调用铰链二杆组运动分析子程序,求铰链点 C 位移速度和加速度;连杆和摇杆角位移、角速度和
  角加速度(结果存于 p(), vp(), ap(), th(), wth(), ath())。


n1=2    //读入铰链点 B 编号 2。
n2=5    //读入构件 2 上质心点 S2 编号 5。
m1=2    //读入 BC 构件的编号 2。
r1=Val(Text27.Text)/1000               //读入构件 2 连杆上质心点 S2 到 B 点距离 rs2,并换算长度单
                                         位为 m。
Form3.Text51=Val(Text27.Text)
phi2=Val(Text39.Text)
Form3.Text52=Val(Text39.Text)
```

phi=phi2 * (3.1415926/180)　　　　//读入 BC 构件 2 连杆 BC 上 B 点到质心点 S2 向量与连杆 BC 夹
角，并换算角度单位为弧度。

Call acc(n1, n2, m1, r1, phi, p(), vp(), ap(), th(), wth(), ath())
//调用铰链刚体运动分析子程序，求 BC 构件 2 连杆上质心点 S2 位移速度和加速度(结果存于 p
(), vp(), ap())。

n1=4　　　//读入铰链点 D 编号 4。
n2=6　　　//读入构件 3 上质心点 S3 编号 6。
m1=3　　　//读入 DC 构件的编号 3。
r1=Val(Text28.Text)/1000　　　　//读入构件 3 摇杆 CD 上质心点 S3 到 D 点距离 rs3，并换算长度
单位为 m。
phi3=Val(Text40.Text)
phi=phi3 * (3.1415926/180)　　　　//读入 DC 构件 3 摇杆 3 上 D 点到质心点 S3 向量与摇杆 DC 夹
角，并换算角度单位为弧度。
Call acc(n1, n2, m1, r1, phi, p(), vp(), ap(), th(), wth(), ath())
//调用铰链刚体运动分析子程序，求 CD 构件 3 摇杆上质心点 S3 位移速度和加速度(结果存于 p
(), vp(), ap())。

//以下为受力分析部分
//变量说明如下。
//xm()：一维数组，构件质量。xi()：一维数组，构件转动惯量。
//st()：一维数组，构件的外力矩。sf()：二维数组，构件的外力。dxf()：一维数组，构件上外力到
质心垂直距离。
//j1, j2：构件号。k1, k2, k3,：受力分析铰链点号(N1,N2,N3,)。n4,n5：质心点号。f()二维数
组，构件的力分析解。

Sub fdyad(n1, n2, n3, n4, n5, j1, j2, k1, k2, k3, xm(), xi(), sf(), dxf(), st(), p(), ap
(), ath(), f())
Dim xm(1 To 15), xi(1 To 15), sf(1 To 15, 1 To 2), dxf(1 To 15), st(1 To 15), f(1 To 15, 1
To 2)
n1=2
n2=4
n3=3
n4=5
n5=6
//读入铰链二杆组上铰链点 B、D、C 和质心点 S2、S3 的编号。
j1=2
j2=3
//读入铰链二杆组上构件 BC、CD 的构件号。
k1=2
k2=3
k3=4
//读入铰链二杆组上受力分析铰链 B、C、D 编号。

```
xm(j1)=Val(Text29.Text)/9.81            //读入 BC 构件质量。
xm(j2)=Val(Text30.Text)/9.81            //读入 CD 构件质量。
xi(j1)=Val(Text31.Text)                 //读入 BC 构件转动惯量。
xi(j2)=Val(Text32.Text)                 //读入 CD 构件转动惯量。

sf(j1, 1)=0                             //BC 构件重力产生的 X 方向外力。
sf(j1, 2)=-xm(j1) * 9.81                //BC 构件重力产生的 Y 方向外力。

pr=Val(Text33.Text)                     //读入 CD 构件上作用的外力 Pr。
sf(j2, 1)=pr * Cos(th(j2)-3.1415926/2)  //将外力 Pr 分解为 X 方向。
sf(j2, 2)=pr * Sin(th(j2)-3.1415926/2)-xm(j2) * 9.81
                                        //将外力 Pr 分解为 Y 方向,并与 CD 构件的重力合成。
dxf(j1)=0                               //读入 BC 构件上外力到质心的距离。
lde=Val(Text34.Text)                    //读入 Pr 外力到铰链 D 点距离。
rs3=Val(Text28.Text)                    //读入 D 点到质心点 S3 距离。
phi3=Val(Text40.Text)                   //读入 D 点到质心点 S3 向量角,换算为弧度。
phi=phi3 * (3.1415926/180)

dxf(j2)=-pr * (lde-rs3 * Cos(phi))/1000   //计算出构件 CD 上外力 Pr 到质心的距离。
st(j1)=0                                //读入 BC 构件上外力矩。
st(j2)=0                                //读入 BC 构件上外力矩。
Call fdyad(n1, n2, n3, n4, n5, j1, j2, k1, k2, k3, xm(), xi(), sf(), dxf(), st(), p(),
ap(), ath(), f())
//调用二杆组受力分析子程序,求运动副反力,结果存于二维数组 f()。

n1=1
n2=2
n3=7
//读入曲柄铰链点 A、B、质心点的编号。
j1=1                                    //读入曲柄构件编号。
k1=1
k2=2
//读入曲柄铰链点 A、B 受力分析编号。
xm(j1)=0                                //读入曲柄质量。
xi(j1)=0                                //读入曲柄转动惯量。
sf(j1, 1)=0                             //曲柄所受的 X 方向外力。
sf(j1, 2)=0                             //曲柄所受的 X 方向外力。
dxf(j1)=0                               //曲柄上外力到质心的距离。
st(j1)=0                                //读入曲柄所受的外力矩。
Call fcrank(n1, n2, n3, j1, k1, k2, xm(), xi(), sf(), dxf(), st(), p(), ap(), ath(), f
(), dt)
//调用曲柄受力分析子程序,求运动副反力和平衡力矩,结果存于二维数组 f()和 dt。
angle=180/3.1415926
Text1.Text=Str(th(2) * angle)
```

```
Text2.Text=Str(th(3) * angle)
Text3.Text=Str(wth(2))
Text4.Text=Str(wth(3))
Text5.Text=Str(ath(2))
Text6.Text=Str(ath(3))
Text7.Text=Str(p(3, 1))
Text8.Text=Str(p(3, 2))
Text9.Text=Str(vp(3, 1))
Text10.Text=Str(vp(3, 2))
Text11.Text=Str(ap(3, 1))
Text12.Text=Str(ap(3, 2))
Text43.Text=Str(p(5, 1))
Text44.Text=Str(p(5, 2))
Text41.Text=Str(vp(5, 1))
Text42.Text=Str(vp(5, 2))
Text35.Text=Str(ap(5, 1))
Text36.Text=Str(ap(5, 2))
Text37.Text=Str(ap(6, 1))
Text38.Text=Str(ap(6, 2))
//输出运动分析结果。
Text13.Text=Str(f(4, 1))
Text14.Text=Str(f(4, 2))
Text15.Text=Str(f(3, 1))
Text16.Text=Str(f(3, 2))
Text17.Text=Str(f(2, 1))
Text18.Text=Str(f(2, 2))
Text19.Text=Str(dt)
//输出受力分析结果。
End Sub
```

8.3.3　插床主运动机构

1. 题目

插床主运动机构部分已知的参数如下。

原动件曲柄的等角速度：$n_2 = 60$ r/min。

行程：$H = 100$ mm。

行程速比系数：$K = 2$。

杆长：$L_{O_1O_2} = 150$ mm；$b = 90$ mm；$c = 125$ mm。

杆长比 $L_{BC}/L_{O_2B} = 1, \alpha = 45°$。

刨头的导路位置：取在铰链点 B 的运动轨迹的最高点与最低点中部（水平）。

构件的重量：$G_3 = 160$ N，$G_5 = 320$ N。

构件 3 的转动惯量，$J_{S_3} = 0.14$ kg·m^2。

生产阻力（N）：$F_r = 1000$（力的作用点位置：$d = 120$ mm）。

2. 机构动态静力分析主程序界面

图 8-16 所示为按下"计算"按钮后的插床机构动态静力分析程序运行界面。图 8-17 为按下"绘滑块 sva 变化曲线"和"绘曲柄平衡力矩曲线"按钮后的插床机构动态静力分析程序运行界面。

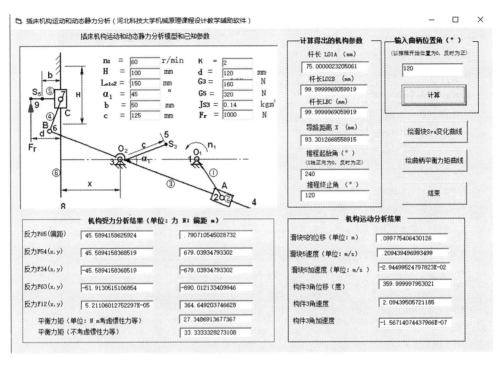

图 8-16 插床机构动态静力分析界面 1

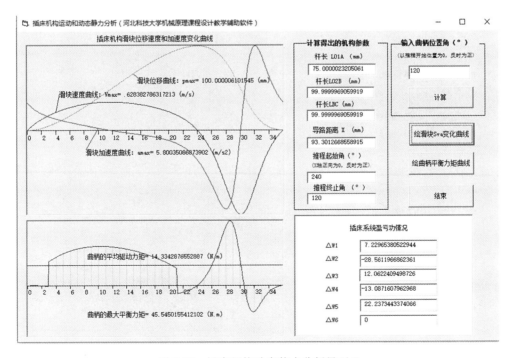

图 8-17 插床机构动态静力分析界面 2

3. 运动和受力分析主程序

```
Private Sub Command1_Click()

Dim p(30, 3), vp(30, 3), ap(30, 3), th(30), wth(30), ath(30)

Dim xm(1 To 15), xi(1 To 15), sf(1 To 15, 1 To 2), dxf(1 To 15), st(1 To 15), f(1 To 15, 1 To 2)

Dim n1 As Integer

Dim n2 As Integer

Dim n3 As Integer

Dim n4 As Integer

Dim n5 As Integer

Dim k1 As Integer

Dim k2 As Integer

Dim k3 As Integer

Dim m1 As Integer

Dim m2 As Integer

Dim j1 As Integer

Dim j2 As Integer


Dim r As Single

Dim r1 As Single

Dim r2 As Single

Dim thetra As Single

Dim w As Single

Dim A As Single

Dim phi As Single

Dim m As Integer

Text38.Visible=False

Text39.Visible=False

Text40.Visible=False

Text41.Visible=False

Text42.Visible=False

Text43.Visible=False

Text44.Visible=False

k=Val(Text32.Text)    '2

w1=Val(Text26.Text)   '60

h=Val(Text27.Text)    '100

Lo1o2=Val(Text28.Text) '150

alfa1=Val(Text29.Text) '50

Lb=Val(Text30.Text)   '50

Lc=Val(Text31.Text)   '125

Ld=Val(Text33.Text)   '125

g3=Val(Text34.Text)   '160

g5=Val(Text35.Text)   '320
```

```
Js3=Val(Text36.Text) '0.14
fr5=Val(Text37.Text) '1000
con=3.1415926/180
theta=180 * (k-1)/(k+1)
gama=(90-theta/2) * con
Lo1a=Lolo2 * Cos(gama)
Lo2b=h/(2 * Cos(gama))
LBC=Lo2b
X=LBC * (1-Sin(gama))/2+LBC * Sin(gama)
phi1=180-gama/con
phi2=180+gama/con
h=2 * lo2b * Sin(theta * con/2)
Text16.Text=Str(Lo1a)
Text17.Text=Str(lo2b)
Text18.Text=Str(LBC)
Text19.Text=Str(X)
Text20.Text=Str(phi2)
Text21.Text=Str(phi1)

For i=0 To 1 Step 1
angle=Val(Text15.Text)
theta1=(phi2+i * angle) * con
n1=1
n2=2
m1=1
r=Lo1a/1000
w=(w1 * 2 * 3.1415926)/60
A=0
p(n1, 1)=0
p(n1, 2)=0
Call crank2(n1, n2, m1, r, theta1, w, A, p(), vp(), ap(), th(), wth(), ath())
m=1
n=1
n1=3
n2=2
n3=4
m1=3
m2=2
r1=0
r3=300/1000
p(3, 1)=- Lolo2/1000
p(3, 2)=0
Call aosc(m, n, n1, n2, n3, m1, m2, r1, r3, p(), vp(), ap(), th(), wth(), ath())
n1=3
```

```
n2=5
m1=3
r1=Lc/1000
phi=alfa1 * con
Call acc(n1, n2, m1, r1, phi, p(), vp(), ap(), th(), wth(), ath())
n1=3
n2=6
m1=3
r1=Lo2b/1000
phi=180 * con
Call acc(n1, n2, m1, r1, phi, p(), vp(), ap(), th(), wth(), ath())
m=-1
n=2
n1=6
n2=8
n3=7
m1=4
m2=5
m3=6
r1=LBC/1000
th(5)=90 * con
th(6)=90 * con
p(n2, 1)=-(X+Lo1o2)/1000
p(n2, 2)=0
Call aguide(m,n,n1,n2,n3,m1,m2,m3,r1,p(),vp(),ap(),th(),wth(), ath())
n1=7
n2=9
m1=5
r1=Lb/1000
phi=90 * con
Call acc(n1, n2, m1, r1, phi, p(), vp(), ap(), th(), wth(), ath())
n1=6
n2=10
m1=4
r1=0
phi=0
Call acc(n1, n2, m1, r1, phi, p(), vp(), ap(), th(), wth(), ath())
n1=2
n2=11
m1=3
r1=0
phi=0
Call acc(n1, n2, m1, r1, phi, p(), vp(), ap(), th(), wth(), ath())
n1=1
```

```
n2=12
m1=1
r1=0
phi=0
Call acc(n1, n2, m1, r1, phi, p(), vp(), ap(), th(), wth(), ath())
If i=0 Then
H0=p(7, 2)
End If
```

//以上为运动分析部分
//变量说明如下。
//xm()：一维数组,构件质量。xi()：一维数组,构件转动惯量。
//st()：一维数组,构件的外力矩。sf()：二维数组,构件的外力。dxf()：一维数组,构件上外力对质心力矩。
//j1, j2:构件号。k1, k2, k3:受力分析铰链点号(N1,N2,N3,)。n4,n5:质心点号。f()：二维数组,构件的力分析解。

```
n1=6
n2=8
n3=7
n4=5
n5=9
j1=4
j2=5
k1=6
k2=7
k3=8
xm(j1)=0
xm(j2)=g5/9.81
xi(j1)=0
xi(j2)=0
sf(j1, 1)=0
sf(j1, 2)=0
sf(j2, 1)=0
sf(j2, 2)=- g5
dxf(j2)=0
If vp(7, 2)<0 Then
If Abs(H0-p(7, 2)) >=h * 0.05/1000 And Abs(H0-p(7, 2))<=h * 0.95/1000 Then
//读入推程段生产阻力-1000(单位:N)。
fr=Val(Text37.Text)        //读入推程段生产阻力-1000(单位:N)。
sf(j2, 2)=fr- g5           //推程段有生产阻力。
dxf(j2)=fr * (Ld-Lb)/1000  //推程段生产阻力对滑枕质心的力矩。
End If
End If
```

```
dxf(j1)=0
st(j1)=0
st(j2)=0
Call fguide(n1, n2, n3, n4, n5, j1, j2, k1, k2, k3, xm(), xi(), sf(), dxf(), st(), p(),
th(), ap(), ath(), f(), ec2)
* * * * * * * * * * * * * * * * * * * * * * * * * * * * * * * * * * *
```

//6点的力已求出,对下一杆组该点力 f(6,1),f(6,2)为已知外力,将其平移到 S3 点,产生一外
力矩。

```
dxf(j1)=f(6, 2) * (p(6, 1)-p(5, 1))-f(6, 1) * (p(6, 2)-p(5, 2))
sf(j1, 1)=f(6, 1)
sf(j1, 2)=f(6, 2)
'''''''''''''''''''''''''''''''''


n1=3
n2=2
n3=4
n4=5
n5=10
j1=3
j2=2
k1=3
k2=2
k3=4
xm(j1)=g3/9.81
xm(j2)=0
xi(j1)=Js3
xi(j2)=0
sf(j1, 1)=f(6, 1)
sf(j1, 2)=f(6, 2)-g3
sf(j2, 1)=0
sf(j2, 2)=0
dxf(j1)=f(6, 2) * (p(6, 1)-p(5, 1))-f(6, 1) * (p(6, 2)-p(5, 2))
dxf(j2)=0
st(j1)=0
st(j2)=0
Call fosc(n1, n2, n3, n4, n5, j1, j2, k1, k2, k3, xm(), xi(), sf(), dxf(), st(), p(), ap
(), th(), ath(), f(), ec1)
n1=1
n2=2
n3=12
j1=1
k1=1
```

```
k2=2
xm(j1)=0
xi(j1)=0
sf(j1, 1)=0
sf(j1, 2)=0
dxf(j1)=0
st(j1)=0
Call fcrank(n1, n2, n3, j1, k1, k2, xm(), xi(), sf(), dxf(), st(), p(), ap(), ath(), f
(), dt)
Next i

Text1.Text=Str(p(7, 2))
Text2.Text=Str(-vp(7, 2))
Text3.Text=Str(-ap(7, 2))
Text23.Text=Str(th(3)/con)
Text24.Text=Str(wth(3))
Text25.Text=Str(ath(3))
Text4.Text=Str(f(8, 1))
Text5.Text=Str(ec2)
Text6.Text=Str(f(7, 1))
Text7.Text=Str(f(7, 2))
Text8.Text=Str(-f(6, 1))
Text9.Text=Str(-f(6, 2))
Text10.Text=Str(-f(3, 1))
Text11.Text=Str(-f(3, 2))
Text12.Text=Str(f(2, 1))
Text13.Text=Str(f(2, 2))
Text14.Text=Str(-dt)
ss1=-vp(9, 2) * fr/w
Text22.Text=Str(ss1)
Label1.Visible=True
Label26.Visible=False
Picture7.Visible=False
End Sub
```

下篇 课程设计题目

第9章 机械原理课程设计题目选编

9.1 薄板零件冲压及送料机构选型设计

9.1.1 工作原理及工艺动作简介

1. 冲压运动

如图9-1(a)所示,上模(冲头)自最高位置向下,以较快的速度接近坯料,在下模型腔内对薄板进行拉延成形,拉延过程速度较低且尽量均匀。然后继续下行将成品推出下模型腔,最后快速返回。

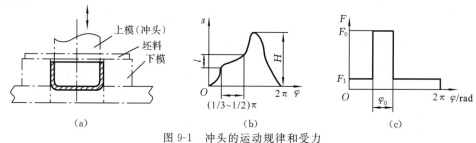

图9-1 冲头的运动规律和受力

2. 上下料运动

上模自下模型腔退出后,上料机构从冲床一侧将坯料推至冲头冲压位置。

9.1.2 原始数据和设计要求

(1) 动力源为电动机。下模固定,上模(冲头)做往复直线运动,运动规律大致如图9-1(b)所示。

(2) 生产率约70件/min。

(3) 执行构件(上模)工作行程为30~100 mm,对应曲柄转角$\varphi_0 = (1/3 \sim 1/2)\pi$,上模(冲头)的总行程必须大于工作行程的2倍以上。

(4) 在一个周期内,冲压工作阻力变化曲线如图9-1(c)所示。工作行程冲压阻力$F_0 = 50\ 000$ N,其他行程阻力$F_1 = 50$ N。

(5) 冲压机构行程速比系数$K \geqslant 1.5$。

(6) 移动滑块质量暂取36 kg,杆构件取40 kg/m。

(7) 机器运转许用不均匀系数$[\delta] = 0.05$。

(8) 送料距离$H = 60 \sim 250$ mm。

(9) 机构应具有较好的传力性能,许用传动角$[\gamma] = 40°$。

9.1.3 传动方案及分析讨论

针对给出的6套参考传动方案(注:随方案提供的结构尺寸仅为展示方案用,不一定满足要求,设计者可修改或自行拟定新的方案)。建议设计者从以下几个方面进行讨论并选定较好的运动方案。

(1) 满足执行构件的工艺动作和运动学要求。

(2) 方案中机构布置合理性和机构复杂性。

(3) 机构运动平稳性、受力合理性。

(4) 外廓尺寸。

(5) 运动副形式。

(6) 经济适用性。

(7) 机构创新设计等方面。

方案 1　冲压动作采用全部由Ⅱ级杆组构成的十连杆机构来完成,如图9-2所示。原动件(曲柄)AB、铰链Ⅱ级杆组 BCD、铰链Ⅱ级杆组 EFG、铰链Ⅱ级杆组 HIB、单滑块Ⅱ级杆组 IJ。

机构几何参数如下。

杆长尺寸(mm):$l_{AB}=28,l_{BC}=167,l_{CD}=80,l_{CE}=80,l_{EF}=72,l_{FG}=80,l_{FH}=40,l_{BI}=85,l_{HI}=128,l_{IJ}=262$。

机架尺寸(mm):$l_{AN}=160,l_{DN}=60,l_{AG}=220$。

送料动作由单摇块Ⅱ级杆组 IKL 和单滑块Ⅱ级杆组 LM 来完成。

杆长尺寸(mm):$l_{IL}=280,l_{LM}=90$。

机架尺寸(mm):$l_{AQ}=100,l_{QK}=200,l_{PG}=332$。

曲柄1逆时针方向回转,起始位置角为 $136°$(注:X 轴正向为零,逆时针为正)。

方案 2　齿轮连杆冲压机构。冲压动作采用齿轮连杆组合机构来完成,具体组成如图9-3所示:齿轮1(曲柄1、原动件)、齿轮2(曲柄2)、铰链Ⅱ级杆组 BED、单滑块Ⅱ级杆组 EF。

送料动作由凸轮机构来完成(此处略)。

机构几何参数如下。

杆长尺寸(mm):$l_{AB}=l_{CD}=50,l_{AC}=100,l_{BE}=l_{DE}=141.5,l_{EF}=215$。

机架尺寸(mm):$H_1=100,H_2=30.5$。

齿轮采用标准直齿圆柱齿轮传动:传动中心距 $a=100$ mm;模数 $m=2.5$;齿数 $z_1=z_2=40$。

机构原动件曲柄1顺时针方向转动,起始角为 $-57°$,曲柄2则逆时针方向转动,起始角为 $147°$。

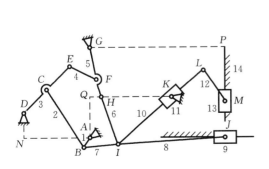

图 9-2　平面十连杆冲压机构

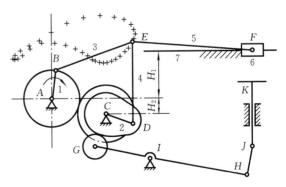

图 9-3　齿轮连杆冲压机构

方案 3 摆动导杆滑块冲压机构。冲压动作采用摆动导杆机构 *ABC* 串联一单滑块Ⅱ级杆组 *DE* 来完成,具体组成如图 9-4 所示。送料动作由凸轮机构来完成。

机构几何参数如下。

杆长尺寸(mm):$l_{AB} = 84$,$l_{CD} = 224$,$l_{DE} = 166$。

机架尺寸(mm):$l_{AC} = 192$,$l = 204$。

原动件曲柄 1 顺时针方向转动,起始角为 $-65°$。

方案 4 铰链四杆滑块冲压机构。本方案冲压动作采用铰链机构 *ABCD* 串联一单滑块Ⅱ级杆组 *EF* 来完成,具体组成如图 9-5 所示。送料动作由凸轮机构来完成(此处略)。

机构几何参数如下。

杆长尺寸(mm):$l_{AB} = 44$,$l_{BC} = 140$,$l_{CD} = 140$,$l_{AD} = 95$,$l_{DE} = 100$,$\angle CDE = 13°$,$l_{EF} = 186$。

机架尺寸(mm):$l_1 = 64$,$l_2 = 24$。

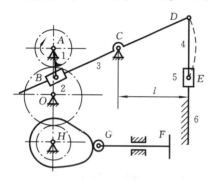

图 9-4 摆动导杆滑块冲压机构

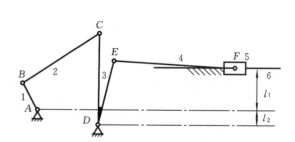

图 9-5 铰链四杆滑块冲压机构

方案 5 转动导杆滑块冲压机构。冲压动作采用转动导杆机构 *ABCD* 串联一单滑块Ⅱ级杆组 *DF* 来完成,具体组成如图 9-6 所示。送料动作由凸轮机构来完成(此处略)。

机构几何参数如下。

杆长尺寸(mm):$l_{AB} = 149$,$l_{AC} = 46$,$l_{CD} = 100$,$l_{DE} = 300$。

方案 6 锻压肘杆机构。冲压动作采用铰链四杆机构 *ABCD* 串联一单滑块Ⅱ级杆组 *CE* 来完成,具体组成如图 9-7 所示。送料动作由凸轮机构来完成(此处略)。

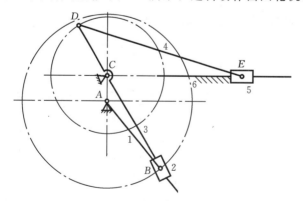

图 9-6 转动导杆滑块冲压机构

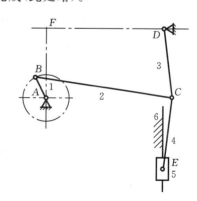

图 9-7 锻压肘杆机构

机构几何参数如下。

杆长尺寸(mm)：$l_{AB}=35, l_{BC}=220, l_{CD}=110, l_{CE}=115$。

机架尺寸(mm)：$l_{AF}=220, l_{FD}=185$。

9.1.4　建议完成设计任务内容

(1) 简述对机构运动方案进行评价、选择的过程,选择电动机。

(2) 对选定冲压机构作改进设计。

(3) 进行冲压机构的运动分析,绘制冲压头的位移、速度和加速度线图。

(4) 进行机构受力分析,绘制原动件的平衡力矩线图。

(5) 飞轮转动惯量计算。

(6) 送料机构设计。

(7) 编写设计计算说明书。

9.2　洗瓶机机构

9.2.1　机构简介与设计数据

1. 机构简介

洗瓶机主要由推瓶机构、导辊机构、转刷机构组成。如图9-8所示,待洗的瓶子放在两个同向转动的导辊上,导辊带动瓶子旋转。当推头 M 把瓶子向前推进时,转动的刷子就会把瓶子外面洗净。当前一个瓶子将洗刷完毕时,后一个待洗的瓶子已送入导辊上待推。

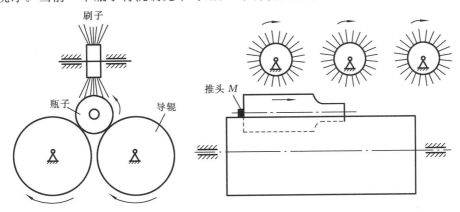

图 9-8　洗瓶机工作示意图

2. 设计数据

设计数据见表9-1。

表 9-1　设计数据

参数	瓶子尺寸(直径×长度)/(mm×mm)	工作行程/mm	生产率/(个/min)	急回系数 K	电动机转速/(r/min)
方案 I	$\phi 100 \times 200$	600	3	3	1 440
方案 II	$\phi 80 \times 180$	500	4	3.2	1 440
方案 III	$\phi 60 \times 150$	420	5	3.5	960

9.2.2 设计任务

（1）洗瓶机应包括齿轮、平面连杆机构等常用机构或组合机构。要求提出两种以上的设计方案，并经分析比较后选定一种进行设计。

（2）绘制机器的机构运动方案简图和运动循环图。

（3）设计组合机构实现运动要求，并对从动件进行运动分析。也可以设计平面连杆机构以实现运动轨迹，并对平面连杆机构进行运动分析，绘出运动线图。

（4）其他机构的设计计算。

（5）编写设计计算说明书。

9.2.3 设计提示

分析设计要求可知：设计的推瓶机构应使推头 M 以接近均匀的速度推瓶，平稳接触和脱离瓶子，然后推头快速返回原位，准备第 2 个工作循环。

根据设计要求，推头 M 可按图 9-9 所示轨迹运动，而且推头 M 在工作行程中应做匀速直线运动，在工作段前后可有变速运动，回程时有急回特性。

对这种运动要求，若用单一的常用机构是不容易实现的，通常要把若干个基本机构组合起来，设计组合机构。

在设计组合机构时，一般可首先考虑选择满足轨迹要求的机构（基础机构），而机构运动时的速度要求则通过改变基础机构主动件的运动速度来满足，也就是让它与一个输出变速度的附加机构组合。

实现本机构要求的方案有很多，可用多种机构组合来实现。以下几种方案可供参考。

方案 1 凸轮-铰链四杆机构方案。如图 9-10 所示，铰链四杆机构的连杆 2 上 M 点走近似于所要求的轨迹，M 点的速度由等速转动的凸轮驱动构件 3 的变速转动来控制。由于此方案的曲柄 1 是从动件，所以要注意采取过死点的措施。

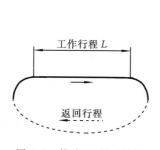

图 9-9 推头 M 运动轨迹

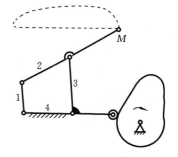

图 9-10 凸轮-铰链四杆机构方案

方案 2 五杆组合机构方案。确定一条平面曲线需要两个独立变量，因此具有两个自由度的连杆机构都可以精确再现给定平面轨迹。M 点的速度和机构的急回特征，可通过控制该机构的两个输入构件间的运动关系来得到，如用凸轮机构、齿轮机构或四连杆机构来控制等。图 9-11 所示为两自由度五杆低副机构，1、4 为它们的输入构件，这两个构件之间的运动关系用凸轮、齿轮或四连杆机构来实现，从而将原来的两自由度系统封闭成单自由度系统。

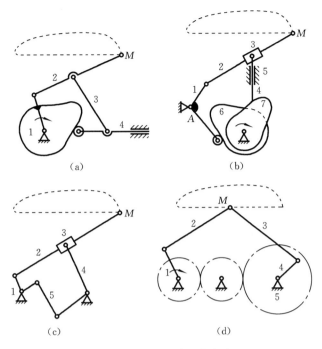

图 9-11　五杆组合机构方案

9.3　平压印刷机

9.3.1　工作原理及工艺动作过程

平压印刷机是印刷行业广泛使用的一种脚踏、电动两用简易印刷机,如图 9-12 所示,适用于印刷各种 8 开以下的印刷品。平压印刷机工作时的动作如下。

(1) 印头 O_2B 往复摆动　其中 O_2B_1 是压印位置,即此时印头上的纸与固定的字版(阴影线部分)压紧接触;O_2B_2 是取走印好的纸和放置新纸的位置。

(2) 油辊上下滚动　在印头从位置 O_2B_1 运动至位置 O_2B_2 的过程中,油辊从位置 E_1 经油盘和铅字版向位置 E_2 运动,同时绕自身的轴线转动。油辊滚过油盘使油辊表面的油墨涂布均匀,滚过固定铅字版给铅字上油墨。压印头返回时,油辊从位置 E_2 回到位置 E_1。油辊摆杆 O_1E 是一个长度可伸缩的构件。

(3) 油盘转动　为使油辊上的油墨均匀,不仅应将油辊在油盘上滚过,而且应在油辊经过油盘往下运动时,使油盘进行一次小于 $180°$ 而大于 $60°$ 的间歇转动,这样也可使油盘上存留的油墨比较均匀。

上述三个运动与手工加纸、取纸动作应协调配合,完成一次印刷工作。

9.3.2　原始数据和设计要求

(1) 实现印头、油辊、油盘运动的机构由一个电动机带动,通过传动系统使该印刷机具有 $1\,600\sim1\,800$ 次/h 的印刷能力。

(2) 电动机功率 $P=0.8$ kW,转速 $n_d=960$ r/min,电动机放在机架的左侧或底部,具体位

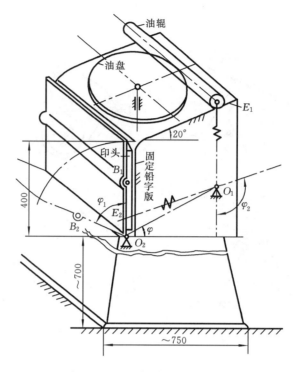

图 9-12　平压印刷机工作示意图

置可自行决定。

(3) 印头摆角 $\varphi_1 = 70°$，且要求印头返回行程和工作行程的平均速度之比（行程速度变化系数）$K = 1.118$。

(4) 油辊自铅垂位置 O_1E_1 运动至位置 O_1E_2 的摆角 $\varphi_2 = 110°$。

(5) 油盘直径为 400 mm，油辊的起始位置就在油盘边缘。

(6) 要求机构的传动性能良好，结构紧凑，易于制造。

9.3.3　设计方案提示

(1) 印头机构可采用曲柄摇杆机构、摆动从动件凸轮机构等，要求具有急回特性，并在印刷的极位有短暂停歇。

(2) 油辊机构可采用固定凸轮变长摆动从动件机构（以铅字版及油盘作为凸轮）。

(3) 油盘运动机构可采用间歇运动机构。

(4) 这三个机构要考虑如何进行联动。

9.3.4　设计任务

(1) 根据工艺动作要求拟定运动循环图。

(2) 进行印头、油辊、油盘机构及其相互连接传动的选型。

(3) 机械运动方案的评定和选择。

(4) 按选定的电动机及执行机构运动参数拟定机械传动方案。

(5) 画出机械运动方案简图。

(6) 对传动机构和执行机构进行运动尺寸计算。

9.4　糕点切片机

9.4.1　工作原理及工艺动作简介

糕点切片机的切刀运动机构是由电动机驱动的,经减速后切刀运动机构须实现切片功能需要的某种往复运动。糕点铺在传送带上,间歇进行输送,通过改变传送带的输送速度或每次间隔的输送距离,可以满足糕点不同切片规格尺寸的需要。糕点先成型,经切片后再烘干。

9.4.2　原始数据及设计要求

(1) 糕点厚度:10~20 mm。
(2) 糕点切片长度范围:5~80 mm。
(3) 切刀切片最大作用距离:300 mm。
(4) 切刀工作节拍:40 次/min。
(5) 生产阻力甚小,设计要求机构简单、轻便、运动灵活可靠。
(6) 电动机参考规格:0.8 kW,730 r/min。

9.4.3　设计任务

(1) 提出两种以上的设计方案并经分析比较后选定一种进行设计。
(2) 绘制机器的机构运动方案简图和运动循环图。
(3) 对机构进行运动分析。
(4) 编写设计计算说明书。

9.4.4　设计提示

(1) 切片时阻力很小,但切刀运动方案的选择是本机设计的难点。通常,切削速度较大时,切刀刀口会整齐一些。选择机构类型时,重点应放在简单适用、运动灵活和运动空间尺寸紧凑等方面。

(2) 间歇输送机构如何满足切片长度尺寸规格的变化要求,也是本机设计的难点。调整机构必须简单可靠,操作方便。无论是采用调速方案,还是采用调距离方案,又或者采用其他调整方案,均应通过对方案进行定性的分析对比后确定。

(3) 间歇输送机构必须与切刀运动机构工作协调,即全部输送运动应在切刀返回过程中完成。需要注意的是,切口有一定厚度,输送运动必须等切刀完全脱离切口后方能开始进行,但输送机构的返回运动则可与切刀的工作行程运动在时间上有一段重叠,以利于提高生产率。在进行工作循环图设计时,应注意上述特点并适当选取输送机构的设计参数。

9.5　半自动平压模切机

9.5.1　机构简介与设计数据

1. 机构简介

半自动平压模切机是印刷、包装行业压制纸盒、纸箱等纸制品的专用设备。该机可对各种规格的白纸板、厚度在 4 mm 以下的瓦楞纸板,以及各种高级精细的印刷品进行压痕、切线,沿切线去掉边料后,可以沿着压出的压痕将纸板折叠成各种纸盒、纸箱,也可压制成凸凹的商标和印刷品。

　　压制纸板的工艺过程分为"走纸"和"模切"两部分。如图 9-13(a)所示:4 为工作台;工作台上方的 1 为双排链;2 为主动链轮;3 为走纸横模块(共 5 个),其两端分别固定在两根链条上,模块上装有若干个夹紧片。主动链轮由间歇机构带动,使双排链条作同步的间歇运动。每次停歇时,链上的一个走纸横模块刚好运行到主动链轮下方的位置上。这时,工作台下方的执行构件 7 做往复移动,推动模块上的夹紧装置,使夹紧片张开,操作者可将纸板 8 喂入,待夹紧后,主动链轮又开始转动,将纸板送到上模 5(装调以后是固定不动的)和下模 6 的位置,链轮再次停歇。这时,在工作台下方的主传动系统中的执行构件——滑块和下模为一体向上移动,实现纸板的压痕、切线,这一过程称为模压或压切。压切完成以后,链条再次运行,当夹有纸板的模块走到某一位置时,受另一机构(图上未表示)作用,夹紧片张开,纸板落到收纸台上,完成一个工作循环。图 9-13(b)为平压模切机的阻力线图。

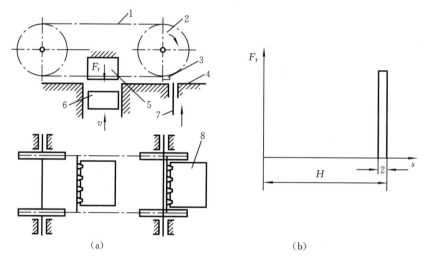

图 9-13　平压模切机工作示意图及阻力线图

2. 设计数据和设计要求

(1) 每小时压制纸板 3 000 张。

(2) 传动机构所用电动机转速 $n=1\,450$ r/min;滑块推动下模向上运动时所受工作阻力如图 9-13(b)所示,工作阻力 $F_r=2\,000$ kN,回程时不受力;行程速比系数 $K=1.3$;下模移动的行程 $H=50\pm0.5$ mm。下模和滑块的质量约 120 kg。

(3) 工作台面离地面的距离约 1 200 mm。

(4) 所设计机构的性能要良好,结构简单紧凑,节省动力,寿命长,便于制造。

9.5.2　设计内容

1. 构思、选择机构方案

(1) 实现模切的执行机构。

(2) 起减速作用的传动机构。

2. 模切机构设计

对选定的实现模切的平面连杆机构,根据工作行程 H 和行程速比系数 K 进行尺寸综合设计,设计确定机构尺寸。由于设计对象是具有短暂高峰载荷的机器,应验算其最小传动角,并尽可能保证压模工作时有较大的传动角,以提高机器的效率。以上内容与后面运动分析、动态静力分析一起画在1号图样上。

3. 传动比计算

对选定的传动机构,根据电动机转速及运动循环要求计算总传动比,分配各级传动比。

4. 运动分析和力分析

在完成平面连杆机构设计的基础上,进行运动分析和动态静力分析(仅考虑滑块和下模的惯性力),并绘制运动线图(位移、速度、加速度线图)和平衡力矩线图。

9.5.3　设计提示

1. 构思、选择机构方案

模切机构的加压方式有上加压、下加压和上下同时加压三种。上下同时加压难使凸凹模对位准确,不宜采用;上加压方式要占据工作台上方的空间,而传动机构一般都布置在工作台下方,即布置不合理;采用下加压方式则可使模切机构与传动机构一起布置在工作台下方,能有效地利用空间,且便于操作和输送纸板。因此本方案宜采用下加压方式。图9-13(a)中上模装配调整后固定不动,下模装在滑块上。

模切机构需要有运动形式、运动方向和运动速度变换的功能,若电动机按轴线水平布置,则需将绕水平轴线的连续转动,经减速后变换成沿铅垂方向的往复移动。模切机构还需具有显著的增力功能,以便滑块在工作位置能克服较大的生产阻力,进行模切。

根据以上的功能要求,考虑题设功能参数(如生产率、生产阻力、行程和行程速比系数等)及约束条件(如工作台面离地面的距离、结构简单、节省动力等),可参考第2章、第3章和第4章等有关内容,构思机构运动方案简图。

(1)实现下模往复移动的执行机构　具有急回或增力特性的往复直移运动机构有曲柄滑块机构、曲柄摇杆机构(或导杆机构)与摇杆滑块机构串联组成的六杆机构等。

(2)传动机构　连续匀速运动的减速机构可采用带传动机构与两级齿轮传动机构串联、带传动机构与行星轮系串联机构,或直接采用行星轮系(需安装飞轮)等。

(3)控制夹紧装置的机构　具有一端停歇的往复直移运动机构有凸轮机构、具有圆弧槽的导杆机构等。

图9-14所示的方案可作为模切执行机构和传动机构的方案之一,其主要优点是滑块5承

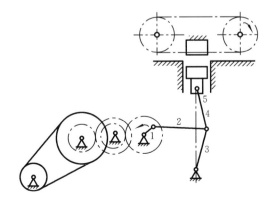

图9-14　模切机的执行机构和传动机构(方案之一)

受很大载荷时,连杆 2 却受力较小,曲柄 1 所需的驱动力较小,因此该机构常称为增力机构,具有节省动力的优点。

2. 传动比计算

1) 总传动比计算

曲柄每转一周,模切纸板一张,完成一个运动循环。

曲柄转速

$$n_1 = \frac{3\ 000}{60}\ \text{r/min} = 50\ \text{r/min}$$

总传动比

$$i' = \frac{n_d}{n_1} = \frac{1\ 450}{50} = 29$$

2) 传动比分配

拟采用图 9-14 所示的带传动机构和两级齿轮传动机构实现减速,初定 $i_1 = 3$,$i_2 = 3.1$,各齿轮的齿数分别为 $z_1 = 19$,$z_2 = 57$,$z_3 = 21$,$z_4 = 67$,选择标准带轮直径 $d_1 = 140$ mm,$d_2 = 425$ mm,则

$$i = \frac{d_2 z_2 z_4}{d_1 z_1 z_3} = \frac{425 \times 57 \times 67}{140 \times 19 \times 21} = 29.056$$

$\Delta i < 5\%$,故合适。

曲柄实际转速

$$n_1 = \frac{n_d}{i} = \frac{1\ 450}{29.056}\ \text{r/min} = 49.9\ \text{r/min}$$

9.6 专用机床的刀具进给和工作台转位机构

9.6.1 设计题目

设计四工位专用机床的刀具进给机构和工作台转位机构。

工作台有Ⅰ、Ⅱ、Ⅲ、Ⅳ四个工作位置,如图 9-15 所示。Ⅰ是装卸工件工位,Ⅱ是钻孔工位,Ⅲ是扩孔工位,Ⅳ是铰孔工位。主轴箱上装有三把刀具,对应工位Ⅱ的位置装钻头,对应工位Ⅲ的位置装扩孔钻,对应Ⅳ的位置装铰刀。由专用电动机带动刀具绕其自身的轴线旋转。主轴箱每向左移送进一次,在四个工位上分别完成相应的装卸工件、钻孔、扩孔和铰孔工作。当主

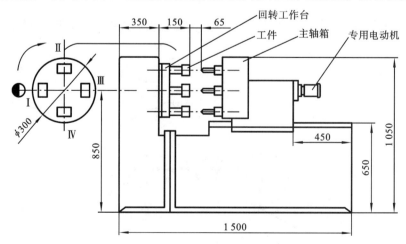

图 9-15 专用机床的工位及外廓尺寸

轴箱右移(退回)到刀具离开工件后,工作台回转 90°,然后主轴箱再次左移。这时,对其中的每一个工件来说,都进入了下一个工位的加工。依次循环 4 次,一个工件就完成了装、钻、扩、铰、卸等工序。由于主轴箱往复一次在四个工位上同时进行工作,所以每次就有一个工件完成上述全部工序。

9.6.2　原始数据和设计要求

（1）如图 9-16 所示,刀具顶部距离工件表面 65 mm,将刀具快速送进 60 mm 接近工件后,再匀速送进 55 mm(前 5 mm 为刀具接近工件的切入量,工件孔深 40 mm,后 10 mm 为刀具切出量),然后使刀具快速返回。回程和工作行程的行程速比系数 $K=2$。

（2）刀具匀速进给速度为 2 mm/s,工件的装卸时间不超过 10 s。

（3）生产率为每小时约 60 件。

（4）机构系统应装入机体内,机床外廓尺寸如图 9-15 所示。

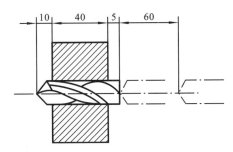

图 9-16　刀具行程

9.6.3　方案设计与选择

回转工作台单向间歇转动,每次转 90°;主轴箱往复移动 115 mm,工作行程有快进和慢进两段,回程具有急回特征。

实现工作台单向间歇运动的机构有棘轮、槽轮、凸轮、不完全齿轮机构等,还可以采用某些组合机构;实现主轴往复急回运动的机构有连杆机构和凸轮机构等。两套机构均由一个电动机带动,故工作台转位机构和主轴箱往复运动机构按动作时间顺序分支并列,组合成一个机构系统。图 9-17、图 9-18 和图 9-19 所示为其中的三个方案。在图 9-17、图 9-18 中,工作台回转机构为槽轮机构,图 9-19 中为不完全齿轮机构。其余方案可由设计者自己构思。

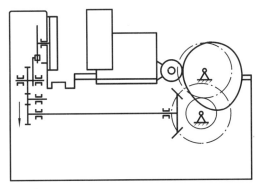

图 9-17　专用机床运动方案 1

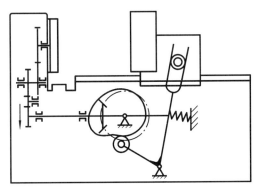

图 9-18　专用机床运动方案 2

刀具	工作行程		空回行程
（主轴箱）	刀具在工件外	刀具在工件内	刀具在工件外
工作台	转位	静止	转位

0°　　　　　　　　　　　　　　　　　240°　　　　　　　360°

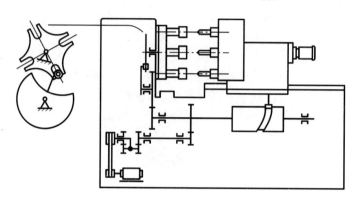

图 9-19　专用机床运动方案 3 和运动循环图

选择运动方案时,特别注意以下几个方面。

（1）工作台回转以后是否有可靠的定位功能;主轴箱往复运动的行程在 115 mm 以上,所选机构是否能在给定的空间内完成机器的运动要求。

（2）在机构的运动和动力性能、精度满足要求的前提下,传动链是否能尽可能短,且应保证制造安装方便。

（3）加工对象的尺寸变更后,是否有可能方便地对机床进行调整或改装。

9.6.4　设计任务

（1）根据设计题目要求构思机构运动方案,并对其进行评价、比较、选优。

（2）根据生产率要求及刀具匀速进给的要求和 K 值,确定工作行程和回程时间等,确定机构运动循环图。

（3）选择电动机,确定总传动比及分配各级传动比。

（4）设计主轴箱的往复运动机构。

（5）设计工作台的转位机构及其定位装置。

（6）进行机构的运动分析,绘出从动件运动线图。

（7）整理和编写设计计算说明书。

9.7　搅 拌 机 构

9.7.1　机构简介与设计数据

1. 机构简介

搅拌机常应用在化学工业和食品工业中,用于对原材料进行搅拌。如图 9-20(a)所示,电动机经过齿轮减速(图中只画出齿轮副 z_1、z_2),带动曲柄 2 顺时针方向回转,驱使曲柄摇杆机构(1、2、3、4)运动;同时通过蜗轮蜗杆带动容器绕垂直轴缓慢转动。当连杆 3 运动时,固连在

其上的拌勺 E 即沿图中虚线所示轨迹运动而将容器中的拌料均匀搅动。为了减小机器的速度波动,在曲柄轴 A 上安装了调速飞轮。

工作时,假定原材料对拌勺的压力与深度成正比,即产生的阻力按直线变化,如图 9-20(b)所示。

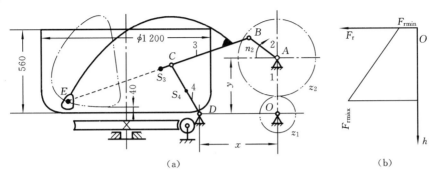

(a)　　　　　　　　　　　　(b)

图 9-20　搅拌机机构简图及阻力线图

2. 设计数据

设计数据如表 9-2 所示。

表 9-2　设计数据

内容	连杆机构设计及运动分析								
符号	n_2	x	y	l_{AB}	l_{BC}	l_{CD}	l_{BE}	$\dfrac{l_{BS_3}}{l_{BE}}$	$\dfrac{l_{DS_4}}{l_{DC}}$
单位	r/min	mm								
方案Ⅰ	70	525	400	240	575	405	1 360	0.5	0.5
方案Ⅱ	65	530	405	240	580	410	1 380	0.5	0.5
方案Ⅲ	60	535	420	245	590	420	1 390	0.5	0.5
方案Ⅳ	60	545	425	245	600	430	1 400	0.5	0.5

内容	连杆机构的动态静力分析及飞轮转动惯量确定						齿轮机构设计			
符号	G_3	G_4	J_{S_3}	J_{S_4}	$F_{r\,max}$	$F_{r\,min}$	δ	z_1	z_2	m	α
单位	N		kg·m²		N					mm	(°)
方案Ⅰ	1 200	400	18.5	0.6	2 000	500	0.05	23	75	8	20
方案Ⅱ	1 250	420	19	0.35	2 200	550	0.05	26	76	8	20
方案Ⅲ	1 300	450	19.5	0.7	2 400	600	0.04	20	65	10	20
方案Ⅳ	1 350	480	20	0.75	2 600	650	0.04	23	64	10	20

9.7.2　设计内容

1. 连杆机构的设计及运动分析

已知:各构件尺寸及重心 S 的位置,中心距 x、y,曲柄 2 转速 n_2。

要求:设计曲柄摇杆机构,画机构运动简图,作机构 1~2 位置的速度多边形和加速度多边形,拌勺 E 的运动线图。以上内容与后面动态静力分析图一起画在 1 号图样上。

2. 连杆机构的动态静力分析

已知：各构件的重量 G 及对重心轴的转动惯量 J_S（构件 2 的质量和转动惯量略去不计），阻力线图（拌勺 E 所受阻力的方向与力点的速度方向相反），运动分析中所得结果。

要求：确定机构 1～2 个位置（同运动分析）的各运动副反力及加于曲柄上的平衡力矩。以上内容在运动分析张图上给出。

3. 用解析法校核机构运动分析和动态静力分析结果

编写机构运动分析和动态静力分析主程序，并调试通过，得到给定位置的计算结果。根据解析法的结果分析图解法的误差及产生的原因。

4. 飞轮设计

已知：机器运转的速度不均匀系数 δ，曲柄轴 A 的转速 n_2，由动态静力分析所得的平衡力矩 M_b；驱动力矩 M_d 为常数。

要求：用简易方法确定安装在轴 A 上的飞轮转动惯量 J_F。等效力矩图和能量指示图画在坐标纸上。

5. 齿轮机构的设计

已知：齿数 z_1、z_2，模数 m，分度圆处的压力角 α，中心距 a（表 9-1 设计数据中 y）；齿轮为正常齿制。

要求：选择变位系数，计算该对齿轮传动的各部分尺寸，以 2 号图样绘制齿轮传动的啮合图。

9.8　插床机构

9.8.1　机构简介与设计数据

1. 机构简介

插床是一种用于工件内表面切削加工的机床，主要由齿轮机构、导杆机构和凸轮机构等组成，如图 9-21(a)所示。电动机经过减速装置（图中只画出齿轮 z_1、z_2）使曲柄 1 转动，再通过导杆机构 1-2-3-4-5-6，使装有刀具的滑块沿导路 y—y 做往复运动，以实现刀具的切削。刀具与工作台之间的进给运动，是由固连于轴 O_2 上的凸轮驱动摆动从动件 O_4D 和其他有关机

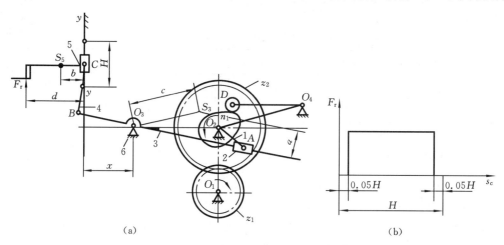

图 9-21　插床机构简图及阻力线图

构(图中未画出)来完成的。为了减小机器的速度波动,在曲柄轴 O_2 上安装了调速飞轮。为了缩短空回行程时间,提高生产率,要求刀具有急回运动。图 9-21(b)所示为插床机构的阻力线图。

2. 设计数据

设计数据见表 9-3。

表 9-3　设计数据

内容	导杆机构设计及运动分析							导杆机构的动态静力分析 及飞轮转动惯量确定					
符号	n_1	K	H	l_{BC}/l_{O_3B}	$l_{O_2O_3}$	a	b	c	G_3	G_5	J_{S_3}	d	F_r	$[\delta]$
单位	r/min		mm			mm				N		kg·m^2	mm	N	
数据	60	2	100	1	150	50	50	125	160	320	0.14	120	1 000	1/25

内容	凸轮机构设计									齿轮机构设计			
符号	ψ_{max}	$l_{O_4D_4}$	$l_{O_2O_4}$	r_0	r_r	δ_0	δ_{01}	δ_0'	δ_{02}	运动规律	z_1	z_2	m	α
单位	(°)	mm				(°)				等加速			mm	(°)
数据	15	147	125	61	15	60	10	60	230	等减速	13	40	8	20

9.8.2　设计内容

1. 导杆机构的设计及运动分析

已知:行程速比系数 K,滑块 5 的冲程 H,中心距 $l_{O_2O_3}$,比值 l_{BC}/l_{O_3B},各构件尺寸及重心位置,曲柄转速 n_1。

要求:设计导杆机构,作机构 1～2 个位置的速度多边形和加速度多边形,作滑块的运动线图,以上内容与后面动态静力分析图一起画在 1 号图样上。

2. 导杆机构的动态静力分析

已知:各构件的重量 G 及其对质心的转动惯量 J_S;工作阻力 F_r 曲线(见图 9-21(b));运动分析中所得结果等。

要求:确定机构 1～2 个位置的各运动副反力及应加于曲柄上的平衡力矩。作图部分在运动分析图上完成。

3. 用解析法校核机构运动分析和动态静力分析结果

编写机构运动分析和动态静力分析主程序,并调试通过,得到给定位置的计算结果。根据解析法的结果,分析图解法的误差及产生误差的原因。

4. 飞轮设计

已知:机器运转的速度不均匀系数 δ;由动态静力分析所得的平衡力矩 M_b;驱动力矩 M_d (为常数)。

要求:用简易方法确定安装在轴 O_2 上的飞轮转动惯量 J_F。等效力矩图和能量指示图画在坐标纸上。

5. 凸轮机构设计

已知:从动件的最大摆角 ψ_{max}、从动件的运动规律及其他基本尺寸等;凸轮与曲柄共轴。

要求:确定凸轮理论廓线外凸曲线的最小曲率半径 ρ_{min},绘制从动件的运动线图,画出凸轮实际廓线。以上内容画在 2 号图纸上。

6. 齿轮机构设计

已知：齿数 z_1、z_2，模数 m，分度圆压力角 α；齿轮为正常齿制，并采用开式传动方式，齿轮与曲柄共轴。

要求：选择变位系数，计算该对齿轮传动的各部分尺寸，用 2 号图纸绘制齿轮传动的啮合图。

9.9 牛头刨床机构

9.9.1 机构简介与设计数据

1. 机构简介

牛头刨床是一种用于平面切削加工的机床，主要由齿轮机构、导杆机构和凸轮机构等组成，如图 9-22(a) 所示。电动机经过减速装置（图中只画出齿轮 z_1、z_2）使曲柄 2 转动，再通过导杆机构 2 3 4 5 6 带动刨头 6 和刨刀做往复切削运动。工作行程中，刨刀速度要平稳；空回行程时，刨刀要快速退回，即要有急回作用。切削阶段刨刀应近似做匀速运动，以提高刨刀的使用寿命和工件的表面加工质量。刀具与工作台之间的进给运动，是由固连于轴 O_2 上的凸轮驱动摆动从动件 O_7D 和其他有关机构（图中未画出）来完成的。为了减小机器的速度波动，在曲柄轴 O_2 上安装了调速飞轮。切削阻力如图 9-22(b) 所示。

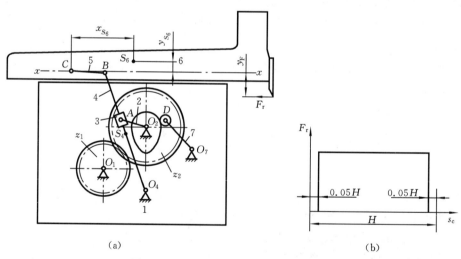

（a）　　　　　　　　　　（b）

图 9-22　牛头刨床机构简图及阻力线图

2. 设计数据

设计数据见表 9-4。

9.9.2 设计内容

1. 导杆机构的设计及运动分析

已知：曲柄转速 n_2，各构件尺寸及质心位置，且刨头导路 x—x 位于导杆端点 B 所作圆弧高的平分线上，如图 9-23 所示。

表 9-4 设计数据

内容	导杆机构设计及运动分析							导杆机构的动态静力分析及飞轮转动惯量确定					
符号	n_2	$l_{O_2O_4}$	l_{O_2A}	l_{O_4B}	l_{BC}	$l_{O_4S_4}$	x_{S_6}	y_{S_6}	J_{S_4}	G_4	G_6	F_r	y_F	$[\delta]$
单位	r/min	mm							kg·m²	N			mm	
方案Ⅰ	60	380	110	540	$0.25l_{O_4B}$	$0.5l_{O_4B}$	240	50	1.1	200	700	7 000	80	0.15
方案Ⅱ	64	350	90	580	$0.3l_{O_4B}$	$0.5l_{O_4B}$	200	50	1.2	220	800	9 000	80	0.15
方案Ⅲ	72	430	110	810	$0.36l_{O_4B}$	$0.5l_{O_4B}$	180	40	1.2	220	620	8 000	100	0.16

内容	凸轮机构设计							齿轮机构设计			
符号	ψ_{max}	l_{O_7D}	$[\alpha]$	δ_0	δ_{01}	δ_0'	δ_{02}	运动规律	z_1	z_2	m	α
单位	(°)	mm	(°)								mm	(°)
方案1	15	125	40	75	10	75	200	等加速、等减速	10	40	6	20
方案2	15	135	38	70	10	70	210		13	42	6	20
方案3	15	130	42	75	10	65	210		15	45	6	20

要求:设计导杆机构,作机构 1～2 个位置的速度多边形和加速度多边形,作滑块的运动线图,以上内容与后面动态静力分析一起画在 1 号图纸上。

2. 导杆机构的动态静力分析

已知:各构件的重量 G(曲柄 2、滑块 3 和连杆 5 的重量都可忽略不计),导杆 4 绕质心轴的转动惯量 J_S 及切削力 F_r 的变化规律如图 9-22(b)所示。

要求:确定机构 1～2 个位置的各运动副反力及应加于曲柄上的平衡力矩。作图部分画在运动分析的图样上。

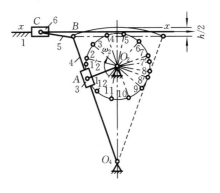

图 9-23 曲柄位置

3. 用解析法校核机构运动分析和动态静力分析结果

编写机构运动分析和动态静力分析主程序,并调试通过,得到给定位置的计算结果。根据解析法的结果,分析图解法的误差及产生误差的原因。

4. 飞轮设计

已知:机器运转的速度不均匀系数 δ,轴 O_2 的转速 n_2,由动态静力分析所得的平衡力矩 M_b;驱动力矩 M_d 为常数。

要求:用简易方法确定安装在轴 O_2 上的飞轮转动惯量 J_F。等效力矩图和能量指示图画在坐标纸上。

5. 凸轮机构设计

已知:从动件 9 的最大摆角 ψ_{max},许用压力角 $[\alpha]$,从动件的运动规律等;凸轮与曲柄共轴。

要求:按许用压力角 $[\alpha]$ 确定凸轮机构的基本尺寸,求出理论廓线外凸曲线的最小曲率半径 ρ_{min},选取滚子半径 r_r,绘制从动件的运动线图,画出凸轮实际廓线。以上内容画在 2 号图纸上。

6. 齿轮机构的设计

已知：齿数 z_1、z_2，模数 m，分度圆压力角 α；齿轮为正常齿制并采用开式传动方式，齿轮与曲柄共轴。

要求：选择变位系数，计算该对齿轮传动机构的各部分尺寸，以 2 号图样绘制齿轮传动的啮合图。

9.10 压床机构

9.10.1 机构简介及设计数据

1. 机构简介

压床是一种广泛使用的加工机械，主要由齿轮机构、连杆机构和凸轮机构等组成，如图 9-24(a) 所示。电动机经过减速装置（三对齿轮 1-2、3-4、5-6）使曲柄 1 转动，再通过六杆机构 $ABCDEF$ 带动滑块 5 克服阻力 F_r 而运动。为了减小主轴的速度波动，在曲轴 A 上装有飞轮，在曲柄轴的另一端装有供润滑连杆机构各运动副用的油泵凸轮。

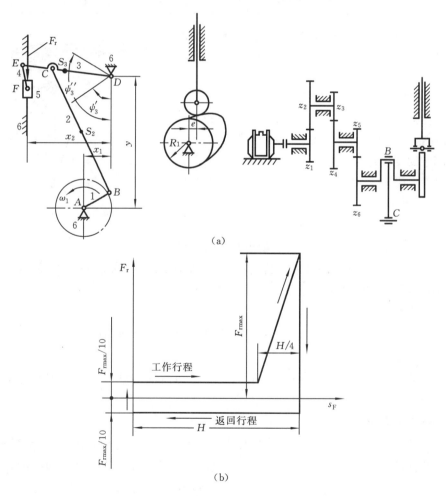

(a)

(b)

图 9-24　压床机构简图及阻力线图

2. 设计数据

设计数据见表 9-5。

表 9-5　设计数据

内容	连杆机构设计及运动分析												齿轮机构设计			
符号	x_1	x_2	y	ψ_3'	ψ_3''	H	$\dfrac{CE}{CD}$	$\dfrac{EF}{DE}$	n_1	$\dfrac{BS_2}{BC}$	$\dfrac{DS_2}{DE}$		z_1	z_2	m	α
单位	mm			(°)		mm			r/min						mm	(°)
方案 I	50	140	220	60	120	150	1/2	1/4	100	1/2	1/2		11	38	5	20
方案 II	60	170	160	60	120	180	1/2	1/4	90	1/2	1/2		10	35	6	20
方案 III	70	200	310	60	120	210	1/2	1/4	90	1/2	1/2		11	32	6	20

内容	凸轮机构设计					导杆机构的动态静力分析及飞轮转动惯量确定						
符号	h	$[\alpha]$	δ_0	δ_{01}	δ_0'	推杆运	G_2	G_3	G_5	J_{S_2}	J_{S_3}	$F_{r\max}$	$[\delta]$
单位	mm	(°)				动规律	N			kg·m²		N	
方案 I	17	30	55	25	85	余弦加速度	660	440	300	0.28	0.28	4 000	1/30
方案 II	18	30	60	30	80	等加速等减速	1 060	720	550	0.64	0.2	7 000	1/30
方案 III	19	30	65	35	75	正弦加速度	1 600	1 040	840	1.35	0.39	11 000	1/30

9.10.2　设计内容

1. 连杆机构的设计及运动分析

已知：中心距 x_1、x_2、y，构件 3 的上下极限角 ψ_3''、ψ_3''，滑块的冲程 H，CE/CD、EF/DE 的值，各构件质心的位置，曲柄转速 n_1。

要求：设计连杆机构，作机构 1～2 个位置的速度多边形和加速度多边形、滑块的运动线图。以上内容与后面的动态静力分析图一起画在 1 号图纸上。

2. 连杆机构的动态静力分析

已知：各构件的重量 G 及其对质心轴的转动惯量 J_S（曲柄 1 和连杆 4 的质量及转动惯量略去不计），阻力线图（见图 9-24(b)），以及连杆机构设计和运动分析中所得的结果。

要求：确定机构 1～2 个位置的各运动副中的反作用力及加于曲柄上的平衡力矩。作图部分也画在运动分析图。

3. 用解析法校核机构运动分析和动态静力分析结果

编写机构运动分析和动态静力分析主程序，并调试通过，得到给定位置的计算结果。根据解析法的结果，分析图解法的误差及产生的原因。

4. 飞轮设计

已知：机器运转的速度不均匀系数 δ，曲轴 A 的转速 n_1，由动态静力分析所得的平衡力矩 M_b；驱动力矩 M_d 为常数。

要求：用简易方法确定安装在轴 A 上的飞轮转动惯量 J_F。等效力矩图和能量指示图画在坐标纸上。

5. 凸轮机构设计

已知：从动件冲程 H，许用压力角 $[\alpha]$，从动件的运动规律；凸轮与曲柄共轴。

要求：按许用压力角 $[\alpha]$ 确定凸轮机构的基本尺寸，求出理论廓线外凸曲线的最小曲率半径 ρ_{min}，选取滚子半径 r_r，绘制从动件的运动线图，画出凸轮实际廓线。以上内容画在 2 号图纸上。

6. 齿轮机构的设计

已知：齿数 z_5、z_6，模数 m，分度圆压力角 α，齿轮为正常齿制，工作情况为开式传动，齿轮与曲柄共轴。

要求：选择变位系数，计算该对齿轮传动的各部分尺寸，用 2 号图纸绘制齿轮传动的啮合图。

参 考 文 献

［1］ 孙恒,陈作模,葛文杰.机械原理[M].7 版.北京:高等教育出版社,2006.

［2］ 申永胜.机械原理教程[M].8 版.北京:清华大学出版社,2003.

［3］ 陆凤仪.机械原理课程设计[M].北京:机械工业出版社,2002.

［4］ 王三民.机械原理与设计课程设计[M].北京:机械工业出版社,2005.

［5］ 朱景梓.渐开线齿轮变位系数的选择[M].北京:人民教育出版社,1982.

［6］ 曲继方.机械原理课程设计[M].北京:机械工业出版社,1989.

［7］ 师忠秀,王继荣.机械原理课程设计[M].北京:机械工业出版社,2004.

［8］ 程崇恭,杜锡珩,黄志辉.机械运动简图设计[M].北京:机械工业出版社,1994.

［9］ 罗洪田.机械原理课程设计指导书[M].北京:高等教育出版社,2004.

［10］ 胡家秀,陈峰.机械创新设计概论[M].北京:机械工业出版社,2005.

［11］ 刘毅.圆弧或直线轨迹连杆机构设计的新方法[J].机械设计与制造,2006(6):27-28.

［12］ 裘建新.机械原理课程设计指导书[M].北京:高等教育出版社,2005.

［13］ 裘建新.机械运动方案及机构设计[M].北京:高等教育出版社,1997.

［14］ 吕庸厚,沈爱红.组合机构设计与应用创新[M].北京:机械工业出版社,2008.